Design of Efficient and Safe Neural Stimulators
A Multidisciplinary Approach

高效安全神经刺激器的设计
多学科方法

董兴成
Marijn van Dongen

〔荷〕　　　　　　　　　　　　著

沃特·塞尔丁
Wouter Serdijn

陈翔　李津　译

西安交通大学出版社
Xi'an Jiaotong University Press

本书中文简体字版由施普林格科学与商业传媒公司授权西安交通大学出版社独家出版并限在中国大陆地区销售。未经出版者预先书面许可,不得以任何方式复制或发行本书的任何部分。

陕西省版权局著作权合同登记号　图字 25-2017-0012 号

图书在版编目(CIP)数据

高效安全神经刺激器的设计:多学科方法/(荷)
董兴成(Marijn van Dongen),(荷)沃特·A·塞尔丁
(Wouter Serdijn)著;陈翔,李津译. —西安:西安
交通大学出版社,2017.12
　书名原文:Design of Efficient and Safe Neural
Stimulators:A Multidisciplinary Approach
　ISBN 978-7-5693-0365-0

　Ⅰ.①高…　Ⅱ.①董…②沃…③陈…④李…
Ⅲ.①脑神经-刺激器-设计　Ⅳ.①TH772

中国版本图书馆 CIP 数据核字(2017)第 314929 号

书　名	高效安全神经刺激器的设计:多学科方法	
著　者	(荷)董兴成　沃特·塞尔丁	
译　者	陈翔　李津	
出版发行	西安交通大学出版社	
	(西安市兴庆南路 10 号　邮政编码 710049)	
网　址	http://www.xjtupress.com	
电　话	(029)82668357　82667874(发行中心)	
	(029)82668315(总编办)	
传　真	(029)82668280	
印　刷	虎彩印艺股份有限公司	
开　本	720mm×1000mm　1/16　印张 10.5　彩页 2 页	
印　数	001~900 册　字数 136 千字	
版次印次	2018 年 3 月第 1 版　2018 年 3 月第 1 次印刷	
书　号	ISBN 978-7-5693-0365-0	
定　价	85.00 元	

读者购书、书店添货、如发现印装质量问题,请与本社发行中心联系、调换。
订购热线:(029)82665248　(029)82665249
投稿热线:(029)82665397
读者信箱:banquan1809@126.com

版权所有　侵权必究

译者序

神经刺激是针对日益增长的神经疾病的既定疗法,临床实践中需要安全、高效并具有小的外形的神经刺激装置,而这类装置的设计需要多学科的方法,综合考虑来自神经学、生理学、电化学和电学角度的需求。

本书首先介绍了神经刺激器设计中使用的电化学和电生理学原理,重点介绍了注入电流至电极以影响神经活动的神经刺激过程中物理过程的建模。然后关注了使用电极-组织界面的电气模型来处理并预防与有害电化学过程相关的几个安全方面的问题,随之讨论了神经刺激的效率。在此基础上介绍了神经刺激器的电气设计,讨论了神经刺激器的几个系统设计方面,并分别举例介绍了具有任意波形刺激器的设计和高频开关模式刺激策略的实现。全书着重介绍了本领域所需的多学科方法:只有通过将神经生理学原理形成神经刺激基础的理解与电子工程设计技术相结合来设计神经刺激电路,才可以提出新型的刺激策略,从而改善诸如安全性和效率等方面的性能。

本书由陈翔、李津翻译,参加翻译工作的还有硕士研究生殷阁朕、姚锐杰、白中博、杨华奎、周亮、高尚和覃朝晖。硕士研究生徐野对全文的公式、图表做了极其细致的整理和编排工作。

本书译稿是在我们日常讨论的基础上修改完善的,难免有偏颇、疏漏之处,还希望能得到广大读者的批评与指正,一同交流探讨。

感谢国家自然科学基金面上项目(编号:81571761)、中央高校基本科研业务费(编号:XJJ2015083)对相关研究工作的支持。

本书的出版也得到了西安交通大学生命科学与技术学院、教育部生物医学信息工程重点实验室以及西安交通大学生物医学工程研究所、西安交通大学医学院医学电子工程研究所的关心和支持,尤其是西安交通大学出版社以及鲍媛编辑的鼎力帮助，在此对所有的帮助和支持表示衷心的感谢！

同时感谢家人、朋友对本书翻译工作的支持，特别感谢我的妻子对我无尽的包容与支持！

陈翔

西安交通大学

2017 年 5 月 15 日

这就是促使我去做和解释这些实验的原因，我已经做了很久，我为此提供了自己的见解和判断。所以，我想请求任何认真思考的人来评判我在真理祭坛上的实验。

让·斯瓦姆默丹
《大自然的圣经》，1737

前 言

对于日益增长的神经疾病来说,神经电刺激是一种既定的治疗方法,同时它的应用也正在酝酿面对更多种类的疾病。沿着这个方向发展,就需要安全、可靠并具有外形小特点的神经刺激装置。这类装置的设计需要多学科的方法,综合考虑来自神经学、生理学、电化学和电学角度的需求。

电刺激的概念通常从两个不同的方向来实现。一个开始于神经元,并且询问需要什么样的信号来实现所需要的神经调控。这个方向通常计算基于电极配置、施加的电场以及所考虑神经元的物理特性的神经响应。另一个开始于刺激器,并且询问什么样的电路技术可以用来实现刺激信号。这个方向的典型特征是关注功率效率、安全性(例如电荷消除)以及可扩展性(例如输出端的数量)。

这两种方法似乎彼此孤立。第一种方法通常不知道如何将最佳的波形转化为电路。同样地,第二种方法往往不知道如何替代电路拓扑结构以影响神经激活机制。

两种方法的结合将是更好的解决方案:什么样的信号既可以高效地激活神经又可以高效地以电路实现?这本书的目的即是帮助神经刺激电路设计者以这样的方法呈现完整的刺激序列;从神经刺激器下传到发生激活(或抑制)的神经元细胞膜。通过了解这个完整的链,即能够设计新的刺激器架构,也可以理解对神经刺激非常重要的安全方面的问题。书中给出了一些新方法的例子,包括对安全性、电化学稳定性和刺激器架构的考虑。

采取与以往根本不同方法的缺点之一是工作通常很难得到科学界的认可。下面的故事很好地说明了这一点并值得分享。1892 年,荷兰乌得勒支的科学家 Jan Leendert Hoorweg 在期刊 *Archiv für die gesamte Physiologie des Menschen und der Tiere* (the contemporary *Pflügers Archiv*)[1]发表了大胆的学术论文。他研究了带电电容器能刺激人体肌肉收缩的条件。

他发现由著名的电生理学之父 Emil du Bois-Reymond 提出的基本关系似乎无效。1845 年，Emil du Bois-Reymond 建立了公式[2] $\epsilon(t) = F[di(t)/dt]$，假设瞬态的肌肉运动 $\epsilon(t)$ 依赖于刺激电流的瞬态变化。

Hoorweg 对来自参考文献[2]的经验"证据"并不满意，他进行了一系列系统的实验并发现这个关系不仅独立于 $di(t)/dt$ ，而且和使用的刺激电路参数如电容、电阻和电压相关。他根本不同的观点引起了学术界很大的恐慌，许多著名的科学家，如 Eduard Pflüger，都断然否定了他的观点而没有做任何进一步的证明[3]。

又过了 9 年，直到 1901 年，Georges Weiss 建立了刺激电荷与间期的关系[4]，表明 Hoorweg 的测量实际上是正确的。1909 年，Louis Lapicque 改写了参考文献[10]（第 2 章），形成了著名的强度–时间曲线并成为目前神经刺激领域的一条基本原则。

发现 Hoorweg 的故事给了我一种奇怪的满足感，不仅仅是因为最终证明他的想法是正确的，而且更主要是因为它表明即使是在今天，说服科学界考虑替代方法依然是困难的。在我多年的研究中，我也曾经历过，要说服社会至少允许其他想法进入这个领域并不总是那么容易。

感谢我周围的人，让我能够继续推进和证明本书中提出想法和概念的有效性和实用性。在这方面我要感谢代尔夫特理工大学的生物电子学分部：能成为这群人的一部分是一种荣幸。此外，作为 SINs 联盟的一部分，我很高兴与其他几个研究组的合作让我体验到这一研究领域的多学科特色。这里我要提到的是鹿特丹的伊拉斯姆斯大学神经科学系，以及奥塔哥大学和安特卫普大学的神经外科。

最后，我想感谢我生命中最重要的人：我的妻子邱琳和女儿丹娅。是你们给了我完成工作和这本书所必需的力量和支持。

董兴成（Marijn van Dongen）

奈梅亨，荷兰

2015 年 10 月

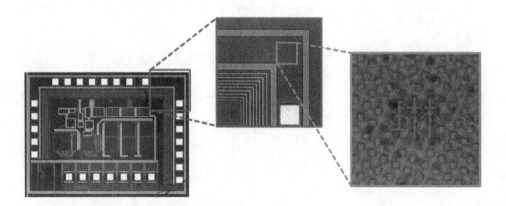

参考文献

1. Hoorweg, J.L.: Ueber die elektrische Nervenerregung. Arch. Gesame. Physiol. Menschen Tiere **52**(3–4), 87–108 (1892)
2. du Bois-Reymond, E.: Untersuchungen über thierische elektricität. In: Von dem allgemeinen Gesetze der Nervenerregung durch den elektrischen Strom (Band 1, Chapter 2.2). G. Reimer, Berlin (1848)
3. Pflüger, E.: J.L. Hoorweg und die electrische Nervenerregung. Arch. Gesame. Physiol. Menschen Tiere **53**(11–12), 616 (1893)
4. Weiss, G.: Sur la possibilité de rendre comparables entre eux les appareils servant à l'excitation électricque. Arch. Ital. Biol. **35**(1), 413–446 (1901)

关于作者

董兴成（Marijn van Dongen） 1984 年出生于荷兰派纳克，他于 2010 年和 2015 年分别获得了荷兰代尔夫特理工大学电气工程硕士和博士学位。他的研究兴趣包括神经刺激输出电路的设计以及电刺激过程中电生理和电化学过程的建模。目前他就职于位于荷兰奈梅亨的恩智浦半导体公司，曾担任 IEEE BioCAS2013 会议财务主席。

沃特·塞尔丁（Wouter Serdijn） 1966 年出生于荷兰祖特梅尔（甜湖城），他于 1989 年和 1994 年分别获得荷兰代尔夫特理工大学硕士（优等生）和博士学位，现为代尔夫特理工大学生物电子学全职教授，负责生物电子学方向。他的研究兴趣包括低电压、超低功耗和超宽带集成电路与生物信号调理和检测，神经假体，经皮无线通信、电源管理、能源采集系统及其应用，如助听器、心脏起搏器、植入式人工耳蜗、神经刺激器，便携式、可穿戴式、植入式和可注射式的医用装置和电子学疗法。他共同编著了 9 部著作、8 部著作章节和 300 多个科学出版物和演讲，并教授电路理论、模拟信号处理、微功耗模拟集成电路设计以及生物电子学。他曾获得 2001 年、2004 年和 2015 年电气工程最佳教师奖，担任 IEEE 会士、IEEE 杰出讲师以及 IEEE 导师。

目 录

第一部分 走向安全高效的神经刺激

第二部分　神经刺激器的电气设计

彩色插图

第 1 章

绪　论

摘要　本章向读者介绍神经刺激,特别是神经电刺激的概念。首先简要讨　001
论了各种类型的刺激以及可能的临床应用,其次以脊髓刺激器为例阐述了
设计神经刺激器的技术挑战。其中的一些难点将会在本章结尾处给出概述
并在随后的章节中进行讨论。

1.1　神经刺激

1658 年,荷兰科学家 Jan Swammerdam 进行了第一次有记录的神经
肌肉生理实验。他描述当相关神经受到刺激时,被解剖的青蛙肌肉会
收缩[1]:

>…zoo vat men de Spier aan weerzyden by zyne peezen, en als
> man dan de neerhangende Senuw met een schaarken of iets anders
> irriteert, zoo doet men de Spieren zyn voorige en verloore beweeging
> weer harhaalen①

一个多世纪以后,半个欧洲通过对死亡的动物甚至人类进行电击"复

---

①　句意为:在两端肌腱处悬挂肌肉,一旦神经被剪刀或其他工具刺激时,肌肉便可
恢复失去的运动。

活"来娱乐[2]。这归因于 Luigi Galvani 的传奇实验，它不仅导致了生物电的发现，还启发了 Alessandro Volta 以电池的形式发明了化学电[3]。这些发现有助于电生理学的发展[4]和我们对神经系统的理解。

正如将在第 2 章中看到的，神经系统是一个电化学系统。治疗疾病的传统手段为使用药物，而许多药物都是作用于神经系统的化学成分，例如通过影响神经元中特定离子通道的门控[5]。这种方法的缺点是药物通常影响整个身体，因而可能导致各种不必要的副作用。

另一方面，神经刺激刺激神经系统的电学成分：有可能在预定区域人为地产生或阻断动作电位，这意味着神经刺激具有以更局部化的方式作用的潜力。此外，电学成分往往具备实际上的瞬时响应：神经刺激的效果通常在激活时立即体现，并且更重要的是，当禁用刺激时激活效果是可逆的。这与化学成分相反，化学成分通常需要更多的时间来消解。

神经刺激装置的可编程性允许自动调整刺激参数（即剂量）：可以通过建立反馈回路来根据受试者的需要定制刺激。虽然它很有前途，但闭环运行目前仍然只有有限数量的临床应用[6]。大多数情况下仍然使用手动调节，其中刺激参数由医生或受试者基于经验反应来调节。这与药物治疗中的剂量调整非常相似。本书主要关注神经刺激器本身的设计，因此反馈回路的设计没有广泛地涉及。

神经刺激可以采用多种方式，本书着重于电刺激，即将通过电极的电流用于在靶组织中产生电位差，建立期望的神经性募集。其他常见的刺激方式包括磁刺激（例如经颅磁刺激（TMS），其具有非侵入性，但在选择性和可携带性方面有所折衷[7,8]）、光刺激（例如光遗传刺激，其具有优异的选择性，但需要对目标组织进行遗传修饰[9]）和声音刺激（超声波刺激[10,11]）。

电刺激在临床实践中表现出令人印象非常深刻的结果。脊髓刺激（SCS）已经成功应用于疼痛抑制[12]、运动障碍[13]和膀胱控制[14]。迷走神经刺激(VNS)作用于特定的神经,用于治疗癫痫[15]和抑郁症[16]。此外,其他各种潜在的应用也得到确定,例如耳鸣的治疗(幻觉声音感知)[17]。

深部脑刺激(DBS)已经成为广泛使用的刺激技术,它将电极放置在大脑本身的不同靶区[18,19]。它已被用于治疗如特发性震颤、帕金森病、肌张力障碍、抽动秽语综合征、疼痛、抑郁症和强迫症等疾病。电刺激可以进一步帮助恢复感官输入:人工耳蜗刺激听觉神经来恢复听力[20],视网膜植入物刺激视网膜来恢复视觉[21],以及前庭植入物具有通过恢复平衡感来治疗前庭病变的潜力[22]。

这些技术的成功在很大程度上归因于 20 世纪的技术进步,许多刺激器装置使用集成电路(IC)技术,由生物相容性材料制成,并且使用先进的电池以及能量采集技术。为了说明这些部件,本书对在临床实践中使用的刺激器装置给出更详细的解读。

1.2　案例研究:SCS 装置

我们以脊髓刺激器装置为例,其通常被称为可植入脉冲发生器(IPG)。图 1.1 示出了通常植入胸部或腹部的这种装置的内部和外部。壳体由钛等生物相容性材料制成。此外,它具有特殊的用于连接靶区电极的连接器。这类装置通常使用由功率天线建立的感应链路从外部进行控制(或充电)。

IPG 的内部(图)显示了具有电子器件和电池的印刷电路板(PCB)。电池在封装中占用了大量的空间。这一方面是由于 SCS 应用相对高的功率(如技术规范[23]中所述的刺激幅度高达 25.5mA)。另一方面,功率也由 IPG 的运行效率,如刺激频率等确定。

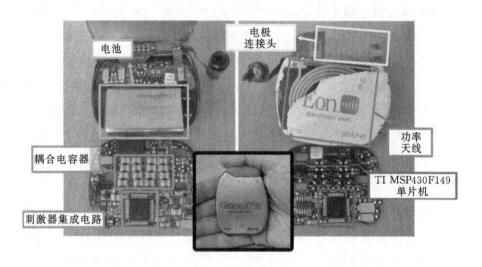

图 1.1　用于脊髓刺激的 IPG 照片。中间的照片显示出了取出的使用原电池为
　　　　装置供电的 ANS(目前为圣犹达医疗)Genesis IPG,其他几张照片显示
　　　　了一个打开的具有可充电电池的 ANS(目前为圣犹达医疗)EON IPG。
　　　　值得注意的是电池和耦合电容器所需的尺寸

　　PCB 上的另一类重要而且占用大量空间的元件是耦合电容。出于安全原因使用这些电容器,它们能够提供电极到刺激器的 AC 耦合。许多研究集中在消除这些电容器方面[24],虽然仍不清楚替代品是否能够提供相同的安全水平。

　　该特定 IPG 性能改进的方向之一是设备的尺寸。较小的器件会减少植入的影响,并允许 IPG 放置得更靠近电极以减少或取消电极导线,而电极导线是装置故障的常见来源[25]。还可以通过降低功率消耗(允许更小的电池)或实现更高的集成度(更少数量的分立元件)来实现尺寸减小。

　　闭环刺激是减少刺激频率并因此减少功率消耗的有效方式,因为刺激模式是为受试者量身定制的,减少了"过度刺激"的量。这可以通过临床闭环癫痫抑制来说明,据报道,其每 24 小时的平均工作时间仅为 5 分钟[6]。除了在功能水平上的这些改进之外,电气设计的改进可以实现更高的效率,同时也可以实现更高的集成度。本书着重于改进神经刺激器的电气设计。

1.3　本书目标

电刺激的所有应用都需要自己的专用刺激器设计、电极配置和刺激参数[26]。然而,这些装置的基础刺激电路通常令人惊讶地相似:将恒定电流或电压源施加在电极上达到一定量的时间以实现所需的神经响应,大多数改进系统效率和集成度设计的尝试仅仅集中于电气工程方面并且假定恒定的电压或电流源是所需的刺激范例。

尽管这些设计的尝试已经促使刺激器装置的电性能得到有效改进,但是还没有明确电流范例是否一定是最有效和安全的刺激。本书后退一步,将控制 FES 的电生理学和电化学原理与用于刺激装置设计的电气工程原理相结合。问题是,我们如何使用这种多学科方法来提高 FES 装置在效率(通过引入神经募集策略)和安全性方面的性能。

1.3.1　神经募集策略

首先引入的刺激策略是高频占空比刺激。从注入电流通过电极直到在细胞膜上产生动作电位,FES 期间支配神经元人工募集的电生理学原理可以用来验证这种刺激是有效的。该原理通常用于在电力电子学中实现一个系统的电路拓扑结构,功率高效运行是其诸多优点之一。该系统架构完全放弃(恒定)电流或电压源的想法,并使用不同的输出拓扑,目的是在靶区实现与经典电路相同类型的激活。

其次引入的刺激策略将效率增益从电路移向电生理:电路使用电压或电流输出但具有实现任意波形的能力,以允许用户选择最有效的刺激

005

波形。该系统被设计用于动物多模刺激实验以治疗耳鸣。这种任意波形刺激器设计中的挑战之一是要确保（电化学）安全性。

1.3.2　安全方面

本书通过引入研究在电极-组织界面上发生的电化学过程的电路技术来考虑安全方面的问题。已建立的防止有害的电化学反应方法是实现电荷平衡的双相刺激波形并使用耦合电容器。通过了解电化学过程，电路技术被用来评估当前的安全机制并考虑新的选择。

本书中所提出的设计和机制并不集中于某个特定的应用，而是旨在以更普适的方式应用。然而，大多数研究结果仍使用特定类型的电极测量或使用特有的测量设置针对特定应用来验证。

1.4　本书概要

本书由两部分组成。第一部分重点介绍设计中使用的电化学和电生理学原理，目的是介绍可以在安全性和效率方面改善神经刺激的新设计。第二部分将进一步展现以第一部分所涉及的原理进行神经刺激器的电气设计。

第一部分从第2章开始，综述随后各章中将要使用的基本电生理和电化学原理。重点将是描述注入电流至电极以影响神经活动的神经刺激过程中物理过程的建模。这一章是高度多学科交叉的，用到神经生理学、电化学、电场计算和电路理论的原理。所有这些方面都在神经刺激中起到了作用并且每一个方面都将在随后的章节中涉及。

安全性是神经刺激器装置的主要关注点，因为错误的刺激信号可能对组织以及电极都造成不可逆的损伤。第3章使用电极-组织界面的电气模型来处理并预防与有害电化学过程相关的几个安全方面的问题，讨论了在刺激器和电极之间使用耦合电容器的后果。此外，还引入了使用前馈控制机制的刺激设计，以在刺激周期之后恢复界面平衡。

第 4 章转而探讨神经刺激的效率。它探索了一个从根本上不同的刺激范式：使用高频开关模式刺激信号代替使用电压或电流源来驱动电极。开关模式运放是提高放大器功率效率（例如，D 类运放）的常用技术，并且神经刺激器可以以类似的方式受益。这一章研究开关模式刺激器的输出级是否能够以类似于使用经典刺激模式时的方式进行神经元募集，并使用脑片的体外测量来验证开关模式刺激的功效。

第二部分从第 5 章开始，介绍了神经刺激器的电气设计。讨论了神经刺激器的几个系统设计方面的内容，并概述了它们在各种应用中的相对重要性。此外，这一章将每个方面联系到两个描述了神经刺激器系统设计的后续章节。两类系统设计有不同的设计目标，因此它们的系统需求是完全不同的。

第一类刺激器系统（在第 6 章中讨论）为具有任意波形刺激器的设计。该系统使用经典的基于电压或电流的输出，但波形可以完全由用户定制，同时由几个反馈机制保证其安全性。这种系统对于神经科学实验非常有意义，可以探索新的刺激设计以便唤起期望响应。该系统应用于治疗耳鸣的动物实验中，并以分立元件形式实现，其中一部分多模式刺激范式中的特殊短阵快速脉冲刺激波形旨在引起神经系统的修复。

第二类刺激器系统在第 7 章中进行了研究，它使用在第 4 章探讨过的高频开关模式刺激策略。建立的系统具有 8 个独立的刺激通道，可以在输出连接到 16 个电极。该系统在功率效率方面（特别是如果使用电流转向技术）和外部组件的数量（提高了安全性以及减小了系统尺寸）方面改进现有的神经刺激器系统，该系统还实现了全面的数字控制，允许系统以独立的方式操作。

本书的主体内容着重介绍了本领域所需的多学科方法：只有通过将神经生理学原理形成神经刺激基础的理解与电子工程设计技术相结合来

设计神经刺激电路，才可以提出新型的刺激策略，从而改善诸如安全性和效率等方面。

1.5 符号

在本书的第二部分中，IC 设计使用提供高压 DMOS 的晶体管技术，这些晶体管对于神经刺激器是必需的，因为输出电压通常超过标准晶体管的击穿电压。图 1.2 描述了用于这些设备的符号。击穿电压有三个等级分类：低压（标准器件额定值）、中压和高压。

在第 6 章中使用的技术提供仅适用于漏极的隔离：栅极电压始终限于正常工作电压。在第 7 章中使用的技术因提供更厚的栅极氧化物从而允许使用更高的栅极电压，所有可能和可用的组合如图 1.2 所示。

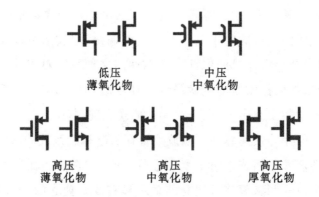

图 1.2　本书中用于 IC 设计套件中不同类型的低、中和高电压晶体管的符号。尽管第 6 章中只提供薄膜门电路技术，但绝缘水平可以应用于漏极端和/或栅极端。低电压/薄膜氧化物晶体管为该技术的标准晶体管

参考文献

1. Swammerdam, J.: Proefnemingen van de particuliere beweeging der spieren in de kikvorsch, die in het gemeen op alle de bewegingen der spieren in de menschen en beesten toegepast worden. In: Swammerdam, J., Boerhaave, H. (eds.) Bybel der natuure, deel II, Leiden (1737)
2. Ashcroft, F.: Spark of Life – Electricity in the Human Body. W.W. Norton and Company, New York (2012)
3. Geddes, L.A., Hoff, H.E.: The discovery of bioelectricity and current electricity. The Galvani-Volta controversy. IEEE Spectr. **8**(12), 38–46 (1971)
4. Verkhratsky, A., Krishtal, O.A., Petersen, O.H.: From Galvani to patch clamp: the development of electrophysiology. Pflügers Arch. **453**(3), 233–247 (2006)
5. Kandel, E., Schwartz, J.H., Jessell, T.: Principles of Neural Science. McGraw-Hill, New York (2000)
6. Sun, F.T., Morrell, M.J.: Closed-loop neurostimulation – the clinical experience. Neurotherapeutics **11**(3), 553–563 (2014)
7. Hallett, M.: Transcranial magnetic stimulation and the human brain. Nature **406**, 147–150 (2000)
8. Rossini, P.M., Rossi, S.: Transcranial magnetic stimulation: diagnostic, therapeutic and research potential. Neurology **68**(7), 484–488 (2007)
9. Fenno, L., Yizhar, O., Deisseroth, K.: The development and application of optogenetics. Annu. Rev. Neurosci. **34**, 389–412 (2011)
10. Tyler, W.J., Tufail, Y., Finsterwald, M., Taumann, M.L., Olson, E.J., Majestic, C.: Remote excitation of neuronal circuits using low-intensity, low-frequency ultrasound. PLoS One **3**(10) (2008). http://journals.plos.org/plosone/article?id=10.1371/journal.pone.0003511
11. Menz, M.D., Oralkan, Ö., Khuri-Yakub, P.T., Baccus, S.A.: Precise neural stimulation in the retina using focused ultrasound. J. Neurosci. **33**(10), 4550–4560 (2013)
12. Kunnumpurath, S., Srinivasagopalan, R., Vadivelu, N.: Spinal cord stimulation: principles of past, present and future practice: a review. J. Clin. Monit. Comput. **25**(5), 333–339 (2009)
13. Harkema, S., Gerasimenko, Y., Hodes, J., Burdick, J., Angeli, C., Chen, Y., Ferreira, C., Willhite, A., Rejc, E., Grossman, R.G., Edgerton, V.R.: Effect of epidural stimulation of the lumbosacral spinal cord on voluntary movement, standing and assisted stepping after motor complete paraplegia: a case study. Lancet **377**(9781), 1938–1947 (2011)
14. Brindley, G.S., Polkey, C.E., Rushtom, D.N.: Sacral anterior root stimulators for bladder control in paraplegia. Paraplegia **20**, 365–381 (1982)
15. Ben-Menachem, E.: Vagus-nerve stimulation for the treatment of epilepsy. Lancet Neurol. **8**(1), 477–482 (2002)
16. Sackheim, H.A., Rush, A.J., George, M.S., Marangell, L.B., Husain, M.M., Nahas, Z., Johnson, C.R., Seidman, S., Giller, C., Haines, S., Simpson, R.K., Goodman, R.R.: Vagus nerve stimulation (VNS) for treatment-resistant depression: efficacy, side effects, and predictors of outcome. Neuropsychopharmacology **25**, 713–728 (2001)
17. Engineer, N.D., Riley, J.R., Seale, J.D., Vrana, W.A., Shetake, J.A., Sudanagunta, S.P., Borland, M.S., Kilgard, M.P.: Reversing pathological neural activity using targeted plasticity. Nature **470**, 101–104 (2011)

18. Lyons, M.K.: Deep brain stimulation: current and future clinical applications. Mayo Clin. Proc. **86**(7), 662–672 (2011)
19. Perlmutter, J.S., Mink, J.W.: Deep brain stimulation. Annu. Rev. Neurosci. **29**, 229–257 (2006)
20. Niparko, J.K.: Cochlear Implants, Principles and Practices. Lippincott Williams and Wilkins, Philadelphia (2009)
21. Dagnelie, G.: Retinal implants – emergence of a multidisciplinary field. Curr. Opin. Neurol. **25**(1), 67–75 (2012)
22. Merfeld, D., Lewis, R.F.: Replacing semicircular canal function with a vestibular implant. Curr. Opin. Otolaryngol. Head Neck Surg. **20**(5), 386–392 (2012)
23. Eon Rechargeable IPG tech specs. St. Jude Medical Inc (2013). http://professional.sjm.com/products/neuro/scs/generators/eon-rechargeable-ipg#tech-specs. Cited 14 July 2014
24. Liu, X., Demosthenous, A., Donaldson, N.: An integrated implantable stimulator that is fail-safe without off-chip blocking-capacitors. IEEE Trans. Biomed. Circuits Syst. **3**(2), 231–244 (2008)
25. Lanmüller, H., Wernisch, J., Alesch, F.: Troubleshooting for DBS patients by a non-invasive method with subsequent examination of the implantable device. In: Proceedings of the 11th Mediterranean Conference on Medical and Biomedical Engineering and Computing, vol. 11, pp. 651–653 (2007)
26. Albert, G.C., Cook, C.M., Prato, F.S., Thomas, A.W.: Deep brain stimulation, vagal nerve stimulation and transcranial stimulation – an overview of stimulation parameters and neurotransmitter release. Neurosci. Biobehav. Rev. **33**(7), 1042–1060 (2009)

第一部分
走向安全高效的神经刺激

这部分向读者介绍了对神经刺激非常重要的电生理和电化学原理，
讨论了从神经刺激器到单个神经元的完整刺激链。这些原则在随后的章
节中被用于介绍对神经刺激有重要影响的安全性和效率的各种概念。

第 2 章

神经细胞激活的建模

摘要　本章简要回顾了神经元的工作原理和建模,这些概念形成了神经刺激的理论基础并贯穿于本书。第一部分讨论了神经元的生理基础并得到了神经元细胞膜的电模型,第二部分讨论了神经组织的刺激,我们将会看到电流怎样流经电极并最终导致神经组织的生理变化。

2.1　神经细胞的生理学原理

2.1.1　神经元

　　几乎所有的神经细胞或神经元都有四种共同的功能:接收、触发、信号传导和分泌[1]。图 2.1 给出了这些组件的图示,在神经元的输入端输入的信号被神经元的树突所接收,这些信号的数量和性质由神经元的类型决定。神经元可以有数个至数十万个输入,输入信号通常是分级(模拟)信号。对于图 2.1 中的神经元,输入信号由突触电位构成,而突触电位通常是由其他细胞神经递质的释放引起的。

　　所有的局部信号将在某一点汇聚,如果达到一定的阈值就会产生一个触发信号。触发信号是一个全或无的尖峰信号,称为动作电位。在图 2.1 的神经元中触发点是在神经元的胞体部位(更具体地,即是轴丘)。

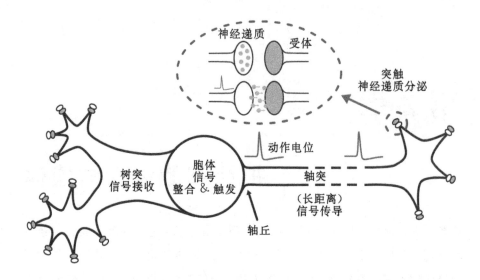

图 2.1　所有神经细胞共有的基本组织示意图：信号接收（树突）、信号整合与触
　　　　发（胞体）、信号传导（轴突）和神经递质分泌（突触）

神经元胞体中也包含神经元的细胞核并合成大部分对细胞活动重要的神
经元蛋白。

　　在触发点产生的动作电位会沿神经元轴突传导。动作电位经轴突传
导是以一种可再产生的方式进行的，且在幅度上没有损失，因此信号可以
长距离传输。因为动作电位的形状和幅度保持不变，信息包含在尖峰信
号的数目和之间的时间间隔中。因此轴突具有信号传导的功能，轴突可
能是有髓鞘的，即它被绝缘的髓鞘所包围。而髓鞘不是连续的，髓鞘缺失
的点称为郎飞氏结，髓鞘极大地增加了轴突电位的传导速度。

　　轴突的末端通过突触的方式与其他细胞连接。动作电位导致神经递
质的分泌，神经递质随后被受体所接收，从而形成单向连接。神经递质的
释放可被视为神经元的输出，神经递质信号再次被分级：它的幅度取决于
所产生的动作电位的数量和频率。突触是否具有兴奋或抑制作用（即增

加或减少动作电位产生的机会)只取决于受体：一个单一的神经递质可以引起兴奋性或抑制性反应，这取决于受体的种类。

2.1.2 细胞膜的模型

树突上的分级信号和动作电位与神经元细胞膜跨膜电位变化相关。细胞膜由两层磷脂分子组成并在胞内(细胞质)与胞外(细胞外液)之间形成了一个密封层。跨膜电压 $V_m = V_{in} - V_{out}$ 定义为细胞质和细胞外液之间的电势差。细胞质的特点是具有高浓度的钾离子(K^+)和大量的有机阴离子(记为 A^-)。而胞外空间里包含有过剩的钠离子(Na^+)和氯离子(Cl^-)。

细胞膜本身是一层非常好的绝缘层，但离子可以通过细胞膜上的离子通道(贯穿于细胞膜的蛋白质)进行扩散。由于电荷的运动形成了横跨细胞膜的电场，这将导致与扩散电流反向的传导电流。在某种离子形成的扩散电流和传导电流平衡的电压称为能斯特电压(Nernst Voltage)，并可由 Malmivuo 与 Plonsey 给出[2]：

$$V_x = \frac{RT}{z_x F} \ln \frac{c_{i,x}}{c_{o,x}} \tag{2.1}$$

式中，R 为气体常数(8.314J/(mol·K))；V_x 是某一种特定离子类型 x 的能斯特电位；T 为温度，F 为法拉第常数(9.6×10^4C/mol)；z_x 是离子的化合价；$c_{i,x}$ 和 $c_{o,x}$ 分别是胞内和胞外的离子浓度(mol/cm³)。每种类型的离子通道可以建模为一个电压值为能斯特电位的电压源与代表离子通道导通性的电导 $g_{m,x}$ 的串联。在图 2.3 中描绘了钠、钾和氯离子通道。由于不同离子的能斯特电位是不等的，整个细胞膜处于一个动态平衡：有恒定的离子流流经细胞膜。

如图 2.2 中所示，钠、钾离子的浓度梯度由 Na^+-K^+ 泵来维持。这是另一种贯穿于细胞膜的蛋白质，当 Na^+-K^+ 泵像细胞外泵出 3 个钠离子

013

的同时向细胞内泵入 2 个钾离子。这种电生理行为使得 V_m 更负一些并可以由如图 2.3 所示的两个电流源来建模。离子泵的影响通常是非常小的，因此在模型中经常可以省略。

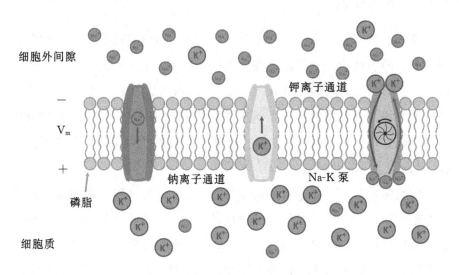

图 2.2   具有最重要的阳离子所需离子通道的细胞膜示意图（Na^+ 和 K^+），同时展示了细胞膜电压 $V_m = V_{in} - V_{out}$。为了清楚起见，忽略了阴离子（Cl^- 和 A^-）

014   神经元可能存在一种主动的方式来控制氯离子的浓度梯度，否则氯离子只能以被动的方式重新分布，这意味着 V_{Cl} 等于细胞膜的静息电位。同时在细胞质中存在大量的有机阴离子，记为 A^-。在细胞膜上并不存在这些离子的离子通道，这意味着它们对 V_m 没有贡献，最后如图 2.3 所示，细胞膜可由膜电容 C_m 来描绘。

2.1.3   离子通道门控

细胞膜可由如图 2.3 所示模型中 V_x 和 $g_{m,x}$ 所确定的静息电位 $V_m = V_{rest} \approx -70mV$ 来描述。此时，$g_{m,x}$ 由所谓的静息通道来确定，它们通常

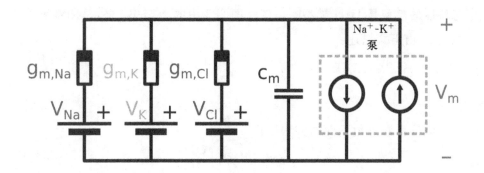

图 2.3　细胞膜的电学模型。电压源代表特定离子种类的能斯特电位,而 g_m 是各个
　　　　离子通道的电导,电流源代表 Na^+-K^+ 泵,并且由于它们对细胞的静息电位
　　　　影响较小而通常被忽略。最后,细胞膜具有电容值 C_m

是一些开放的并有固定电导的通道。当 V_m 变得更负(超极化)或更正一些(去极化)时,$g_{m,x}$ 值大致维持恒定并且细胞膜以一种被动(电紧张)的方式响应。

　　然而,当膜电位去极化到一定阈值时,存在于轴突上所谓的钠离子和钾离子的门控通道将会打开。这些通道的电导取决于 V_m 值,当膜电压升至 $-50mV$ 左右时(通过去极化),细胞膜对钠离子的电导增加得非常快。同时,钾离子的渗透性也开始增加,但是这个过程要缓慢得多。这意味着钠离子首先开始从细胞外流向细胞内,使细胞内电位开始升高。当膜电压升至大约 $20mV$ 时钾离子的电导也开始增加。钾离子开始从细胞内流出至细胞外,这使得膜电压降低。最后,细胞膜又重新回到平衡电压。

　　这些门控通道是动作电位沿轴突以可再生方式传播的原因。如果在 015
轴突的某个点产生了动作电位,它使细胞膜沿着轴突进一步地去极化,这会在该点产生一个新的动作电位。

　　最广泛使用的用于描述通道传导性和作为细胞膜电压函数的丰富动

态特性的模型是 H-H 模型[3]。忽略图 2.3 中的 Na^+-K^+ 泵，总的细胞膜电流 i_m 由下式描述：

$$i_m = C_m \frac{dV_m}{dt} + (V_m - V_{Na})g_{m,Na} + (V_m - V_K)g_{m,K} + (V_m - V_{Cl}g_{m,Cl})$$

$$(2.2)$$

电导系数可由下面的方程给出：

$$g_K = G_K n^4 \tag{2.3a}$$

$$g_{Na} = G_{Na} m^3 h \tag{2.3b}$$

$$g_{Cl} = G_L \tag{2.3c}$$

电导系数 G_{Na}，G_K 以及 G_L 是常数，而因子 n，m 和 h 可以用下面的差分方程来描述：

$$\frac{dm}{dt} = \alpha_m(1-m) - \beta_m m \tag{2.4a}$$

$$\frac{dh}{dt} = \alpha_h(1-h) - \beta_h h \tag{2.4b}$$

$$\frac{dn}{dt} = \alpha_n(1-n) - \beta_n n \tag{2.4c}$$

其中，因数 α_x 和 β_x 取决于膜过电位 $V' = V_m - V_{rest}$：

$$\alpha_m = \frac{0.1 \times (25 - V')}{\exp\frac{25-V'}{10} - 1} \quad \beta_m = \frac{4}{\exp\frac{V'}{18}} \tag{2.5a}$$

$$\alpha_h = \frac{0.07}{\exp\frac{V'}{20}} \quad \beta_h = \frac{1}{\exp\frac{30-V'}{10} + 1} \tag{2.5b}$$

$$\alpha_n = \frac{0.01 \times (10 - V')}{\exp\frac{10-V'}{10} - 1} \quad \beta_n = \frac{0.125}{\exp\frac{V'}{80}} \tag{2.5c}$$

这些方程建立了拥有门控离子通道的细胞膜的电学响应模型，并将在下一节描述用于获得在电刺激下的细胞膜的响应。

2.2　神经组织的刺激

如前所述,神经元是一个电化学系统。长期以来,药物被用于改变这 016
个系统的化学构成以达到治疗的目的。这种方式的缺点在于药物广泛地
影响了整个神经系统,因此容易引起不必要的副作用。

神经刺激通过局部地改变神经元的细胞膜电位来影响神经系统的电
学部分。神经刺激作用可以通过电学、磁学以及最近可以通过光学和声
学等方式施加。

神经组织的电刺激使用电场来人工募集神经元从而在功能层面上介
入神经系统。通过刺激,神经元可以被迫产生动作电位(激活)或禁止产
生动作电位(抑制),本节回顾从刺激器到膜电压的刺激过程。

刺激是在三个不同的层次被考虑的:

- 电极水平:电极和组织可以使用等效电路来建模,并且形成刺激器
  的负载。
- 组织水平:组织本身可以用容积导体来建模,并且电刺激将导致在
  该容积导体中形成电场。
- 神经元水平:电场将会影响神经元局部的细胞膜外电势,这最终会
  触发或抑制动作电位的产生。

2.2.1　电极水平:电极-组织模型

用于募集神经元的电能通过电极注入到靶区。这些电极形成刺激器
电路的负载,为了能设计一种有效和安全的系统,拥有这种负载的电学模
型是至关重要的。

在电极中电子是携带电荷的粒子,而在组织中携带电荷的粒子是离
子,这意味着该系统需要被考虑为一种电化学系统。如图 2.4 所示,典型

的等效电路可以分为两部分：电极-组织界面 Z_{if} 和组织阻抗 Z_{tis}。

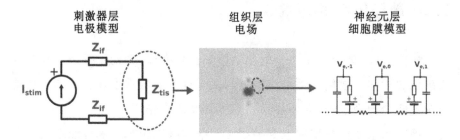

图 2.4　神经刺激层次结构的三个层次。刺激器层次考虑了连接于刺激器电路的电
　　　学等效电路。组织层次通过将组织考虑为一个容积导体聚焦于组织阻抗。
　　　神经元层次进一步聚焦于神经元自身以及细胞膜电压在刺激过程中是怎
　　　样形成的（见彩色插图）

2.2.1.1　电极-组织界面

电极-组织界面过程

　　在电极和组织的界面上必定会发生电极中电子和组织中离子之间的
交互，可能存在的交互方式有两种：电荷累积和电化学反应。

017　　　电荷累积简单地说就是电荷载体在界面附近聚集（双电层充电）。在
这种机制中，电极和组织间没有电荷转移。在电化学反应中电荷以氧化
还原反应的方式在界面上转移。一个电极充当阳极：氧化半反应描述电
极如何失去电子；另一电极作为阴极：还原半反应显示电极如何接受
电子。

　　每一个半反应首先是由电极电位 V_n 描述的，它类似于电极内部和电
极之间电化学电位差导致的平衡电极的内置电位。如细胞膜方程（2.1）
所示，这种电位使用能斯特方程来描述：

$$V_n = V_0 - \frac{RT}{zF} \ln \frac{a_{red}}{a_{ox}} \tag{2.6}$$

式中，V_0 是标准条件下的半电池电位，而第二项校正了与标准条件的偏差；因数 a_{red} 和 a_{ox} 是还原离子和氧化离子在半电池中的活性，它们与气体和液体中的离子浓度密切相关，z 是反应的化合价。

当跨界面的过电势 $\eta_a = V_{if} - V_n$ 建立后，该反应的动力学可以使用巴特勒-福尔默方程中的电化学电流密度 i_{net} 来描述[4]：

$$i_{net} = i_0 \left\{ \frac{[O]_{0,t}}{[O]_{\infty}} \exp(-\alpha_c z f \eta_a) - \frac{[R]_{0,t}}{[R]_{\infty}} \exp((1-\alpha_c) z f \eta_a) \right\} \quad (2.7)$$

式中，i_0 是交换电流密度；α_c 是阴极反应传递系数；$f \equiv F/(RT)$，$[O]_{0,t}/[O]_{\infty}$ 和 $[R]_{0,t}/[R]_{\infty}$ 分别是在电极和组织的其余部分中氧化和还原物质的浓度的比率。对于高的过电势，比值 $[O]_{0,t}/[O]_{\infty}$ 和 $[R]_{0,t}/[R]_{\infty}$ 将会减小，使得该反应对于阳极和阴极反应分别在极限电流的 $i_{L,a}$ 和 $i_{L,c}$ 处质量受限。

电极-组织界面模型

上一段提到的两个不同的过程需要转换为等效的电学模型。该界面的特征由两种机制所描述：可逆过程和不可逆过程[5]。

可逆电流的特征在于它们在界面处存储电荷的事实。这可能是电荷累积的结果（电容电流），也可能是由于可逆的电化学反应（伪电容电流）造成的。比如在氢电镀过程中，氢原子附着于电极表面，从而有效地在界面处存储了电荷。这两个过程的特征都在于其可逆性，存储的电荷可以通过反转电流的形式来恢复，可逆电流可以用电容 C_{dl} 来建模。

不可逆电流，通常也称为法拉第电流，是由不可逆过程，比如像析氧等反应产物不能逆转的电化学过程造成的。可以用一个电荷转移电阻 R_{CT} 来建模。并且，它通常用于将等效的内建电位 V_{eq}（结合每个电化学反应 V_n 的相对贡献）模拟为一个电压源与 R_{CT} 的串联。

C_{dl} 与 R_{CT} 的取值高度依赖于电极的尺寸、几何结构和所用的材料。并且，根据方程（2.7），复杂的电化学反应动力学使得两组分高度地非线性。而在许多应用中,模型是线性的。

注意,C_{dl}(双层电容)和 R_{CT}(电荷转移电阻)的命名让人困惑。双层电容表明它只模拟了电荷积累,虽然它也能模拟伪电容电流的电荷转移(这里不能模拟电荷转移电阻!)。

几乎只有可逆电流的电极(如铂电极)被称为极化电极:经过这些电极注入电流,界面将会被极化,以法拉第电流为主导的电极为不极化电极(如 Ag/AgCl 电极)。

2.2.1.2　组织阻抗

组织阻抗是组织本身的等效电路。跨过这个组分的电压与电场强度直接相关,这将会在下一小节中讲到。该电场的空间二阶导对于募集神经元是非常重要的。基于电流的刺激通常是首选的,以使得组织上的电压(即电场强度)独立于与界面阻抗 Z_{if}:$V_{tis} = I_{stim} Z_{tis}$。

组织的阻抗首先在很大程度上取决于电极的几何形状:如果电极大(即拥有大的有效面积),阻抗就会低。由于它们的低阻抗性质,大电极需要有比小电极更高的电流来产生相同的电压和电场强度。然而这些大电极造成了一个更大的电场,因此会对大量的神经元造成影响;小电极产生一个小得多的电场,只使用较小的一点电流时就可以影响少得多的神经元。

使用大电极还是小电极取决于具体的应用。这就是为什么在文献中会遇到宽范围的电流和阻抗的原因:电流从阻抗 Z_{tis} 为 100kΩ 量级的微电极的几个 μA 到阻抗 R_{tis} 为 10Ω 量级的大电极的几十 mA。

除了电极尺寸,阻抗还取决于组织性质,可以纳入所需的许多组织性质:非线性、各向异性、不均匀、时变和动态特性。然而,许多这些属性使得难以在标准电路模拟器中处理该模型。在许多情况下,组织仅使用电阻器 R_{tis} 简单地建模。如果动态特性是重要的,可以并联放置一个电容器 C_{tis} 作为一阶近似。

　　在文献或电极规格中通常可以找到电极阻抗值,该值通常对应于在非常低的激活水平下 1kHz 情况下的阻抗测量值。这个值代表了如图 2.5 所示的整个系统的等效阻抗。

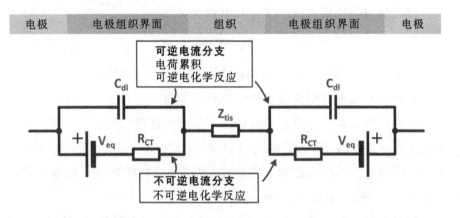

图 2.5　电极系统的等效电学模型。界面模型由电容支路(C_{dl})和法拉第支路(R_{CT} 和 V_{eq})组成,组织本身用阻抗 Z_{tis} 来建模。注意,所有的组分都具有非线性的特征

2.2.2　组织水平:电场分布

　　在前一节中组织被考虑为离散阻抗 Z_{tis} 作为刺激器负载的一部分,在本节中我们通过将组织考虑为一种容积导体而聚焦在组织本身。神经组织具有非线性、不均匀性、各向异性和时变的电学性质等特点。

020

　　电场 E 通常由高斯定律来获得:

$$\nabla \cdot \boldsymbol{E} = \frac{\rho}{\epsilon} \tag{2.8}$$

　　式中,ρ 是电荷密度;ϵ 代表介电常数。假设准静态条件下,根据法拉第感应定律,$\boldsymbol{E}$ 的旋度必须为零:

$$\nabla \times \boldsymbol{E} = \frac{\mathrm{d}\boldsymbol{E}}{\mathrm{d}t} = 0 \tag{2.9}$$

根据赫姆霍兹分解定理，一个连续可微的向量可以分解为无旋度和无散度的组分，当旋度为零时（式(2.9)），电势通过下式与电场相关：

$$E = -\nabla \Phi \tag{2.10}$$

将式(2.10)代换入式(2.8)中，得到泊松方程：

$$-\nabla^2 \Phi = \frac{\rho}{\epsilon} \tag{2.11}$$

对于组织，通常 $\rho=0$，这将泊松方程简化为拉普拉斯方程：$\nabla^2 \Phi=0$。现在的目标是求解由组织或刺激电极设定的边界条件下的该方程。

一种数值求解拉普拉斯方程的方法是使用有限元分析。可以为电极和组织建立一个模型，为了说明目的，在图 2.6(a)中建立了电极导联的模型。这些电极引线由硅橡胶制造，并可用于脊髓的刺激。铂电极是一个直径为 1.5mm、高度为 3mm 的环形。

如图 2.6(a)所示，在 ANSYS 软件环境中建立了电极的 2D 模型。电极的电导率和绝缘率分别选择为 $\sigma_s = 9.52 \times 10^6 \mathrm{S/m}$ 和 $\sigma_p = 2 \times 10^{-14} \mathrm{S/m}$。组织被建模为一个导电性为 $\sigma_t = 0.3 \mathrm{S/m}$ 的各向同性和均匀的界面[6]。

在图 2.6 中，展示了各种刺激策略下的电势分布的仿真结果。在图 2.6(b)中，只有一个电极受 10mA 的电流源驱动（单极运行），而组织平面的边缘连接于 0V 以模拟一个大的反电极。在图 2.6(c)中，一个电极用作为阴极，而另一个用作为阳极（双极刺激）。在图 2.6(d)中，一个电极用作为阴极并受 10mA 的电流驱动，而另外两个电极都作为阳极并各受 5mA 的电流驱动。

从图 2.6 中可以看出，电场的形态和大小严重依赖于电极的选择以及它们是如何运行的。

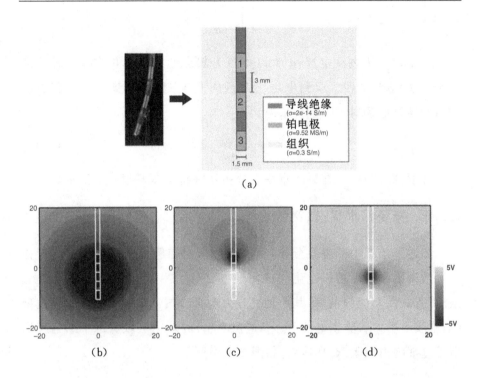

图 2.6　由刺激电流流经电极造成的电位分布的说明性仿真结果。在(a)中展示了
　　　　有限元模型；在(b),(c)和(d)中分别展示了单极、双极和三极刺激配置。纵
　　　　轴以 mm 为单位

2.2.2.1　单极示例

　　对于特定情况下的电场可以解析求解。在此，我们将分析点源（单
极）在电导率为 σ 的无限均匀各向同性容积导体的电势分布，这种情形是
当电极之间的距离相对于电极尺寸很大时的近似。

　　从源出来的电流将在容积导体的各个方向均匀地扩散，因此离源距
离为 r 处的电流密度以正比于球体面积的形式减小：

$$J = \frac{I_{stim}}{4\pi r^2} a_r \tag{2.12}$$

式中，I_{stim} 为刺激电流；a_r 为以点源为起点的径向单位向量。使用欧姆定律 $J = \sigma E$ 并且意识到电场仅在径向发生变化，电势可以使用方程 (2.10)通过电场对 r 的积分来得到：

$$\Phi = \frac{I_{stim}}{4\pi\sigma r} \tag{2.13}$$

022　　　方程(2.13)将会在第 4 章用于分析某一特定刺激模式下的电场。

2.2.3　神经元水平：轴突激活

知道了组织中的电位分布，则可能分析出神经元的膜电位。尽管神经元的激活和抑制可以发生在任何地方，但通常只考虑轴突上的神经元激活[7-9]。使用电缆模型，其中轴突分为包含有图 2.3 所示的细胞膜模型（细胞膜电容 C_m、静息电位 V_{rest} 和电阻 Z_{HH}）的多个区段。每个细胞膜模型通过细胞内电阻 R_i 来连接，如图 2.7 中所示。

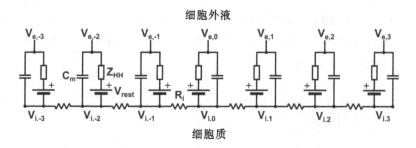

图 2.7　在刺激过程中用于评估细胞膜电压 $V_m = V_i - V_e$ 的轴突模型，细胞外电势 $V_{e,i}$ 由刺激电流引起的电场决定

现在将电缆模型置于前一节中建立的电场中，电场将决定沿轴突的细胞外电势 $V_{e,n}$。基于这些电位，在节点 n 处的膜电压 $V_{m,n} = V_{i,n} - V_{e,n}$ 可以通过求解以下的直接遵从基尔霍夫定律的方程给出[7]：

$$\frac{dV_{m,n}}{dt} = \frac{1}{C_m}\left[\frac{1}{R_i}(V_{m,n-1} - 2V_{m,n} + V_{m,n+1} + V_{e,n-1} - 2V_{e,n} + V_{e,n+1}) - i_{HH}\right]$$

$$(2.14)$$

式中，i_{HH} 为 H-H 方程描述的经过阻抗 Z_{HH} 的电流，正如将在第 4 章中展示的，这个方程可以用于分析在刺激脉冲下的膜电压，如果膜电压被提高到阈值以上并维持一定时间，H-H 方程的动态特性预示了将会产生动作电位。

由式（2.14）可知，电场的源项可以被绝缘，表示为

$$f_n = \frac{V_{e,n-1} - 2V_{e,n} + V_{e,n+1}}{\Delta x^2}$$

$$(2.15)$$

这里使用到了等式 $R_i = 4\rho_i \Delta x/(\pi d^2)$ 和 $C_m = \pi dL c_m$。式中，ρ_i 是细胞内阻抗；d 是轴突直径；L 是细胞膜分段的长度；C_m 是单位面积细胞膜电容；Δx 为细胞膜分段的长度；f_n 称为激活函数[9]。当 $\Delta x \to 0$，它变为胞外电位的二阶微分。作为一阶近似，可以说对于特定轴突段只要 $f_n >$ 0，V_m 将会增加并因此可能发生激活。这假定刺激足够强且启动时间足够长以允许 V_m 升到了阈值以上。

因此，总的来说，对于被募集的膜，f_n 需要在一定时间里保持足够高的正值。这个性质可以转化为最小所需刺激电流 I_{stim} 和刺激持续时长 t_{stim} 之间的关系。这是众所周知的，并且可以用电荷-持续时间曲线描述，它表现出了以下的双曲线关系[10]：$I_{stim} = a/t_{stim} + b$，该曲线在图 2.8 中示出。实现刺激的最小刺激电流 $I_{stim} = b$ 称为基强度[10]，而相应于两倍基强度的刺激时间 $t_{stim} = a/b$ 称为时值，时值是刺激脉冲能量 E_{pulse} 最小的点：

$$E_{pulse} = I_{stim}^2 Z_{load} t_{stim} = \left(\frac{a^2}{t_{stim}} + b^2 t_{stim}\right) Z_{load}$$

$$(2.16)$$

式中，Z_{load} 为电极的阻抗，通过下式可以发现最小能量与时值相等：

$$\frac{dE_{pulse}}{dt_{stim}} = \left(\frac{-a^2}{t_{stim}^2} + b^2\right) Z_{load} = 0 \to t_{stim} = \frac{a}{b}$$

$$(2.17)$$

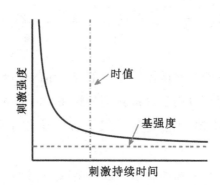

图 2.8   强度-持续时间曲线，显示所需的刺激强度作为刺激持续时间的函数，同时也给出了基强度和时值

2.3   结论

024   本章回顾了神经元的电生理学原理，展示了神经元细胞膜的电化学性质如何导致动作电位的产生，并且展示了电刺激怎样影响神经组织：刺激电流将会在组织内产生电场，这会通过细胞膜的去极化或超极化影响神经元的膜电压。所需的最小刺激强度由强度-持续时间曲线给出，它展示了刺激幅度和所需时长之间的双曲线关系。

参考文献

1. Kandel, E., Schwartz, J.H., Jessell, T.: Principles of Neural Science. McGraw-Hill, New York (2000)
2. Malmivuo, J., Plonsey, R.: Bioelectromagnetism – Principles and Applications of Bioelectric and Biomagnetic Fields. Oxford University Press, New York (1995)
3. Hodgkin, A.L., Huxley, A.F.: A quantitative description of membrane current and its application to conduction and excitation in nerve. J. Physiol. **117**(4), 500–544 (1952)
4. Zoski, C.: Handbook of Electrochemistry. Elsevier, Amsterdam (2006)
5. Merrill, D.R., Bikson, M., Jefferys, J.G.R.: Electrical stimulation of excitable tissue – design of efficacious and safe protocols. J. Neurosci. Methods **141**, 171–198 (2005)
6. Butson, C.R., McIntyre, C.C.: Tissue and electrode capacitance reduce neural activation volumes during deep brain stimulation. Clin. Neurophysiol. **116**, 2490–2500 (2005)
7. McNeal, D.R.: Analysis of a model for excitation of myelinated nerve. IEEE Trans. Biomed. Eng. **23**(4), 329–337 (1976)
8. Warman, E.N., Grill, W.M., Durand, D.: Modeling the effects of electric fields on nerve fibers: determination of excitation thresholds. IEEE Trans. Biomed. Eng. **39**(12), 1244–1254 (1992)
9. Rattay, F.: Analysis of models for extracellular fiber stimulation. IEEE Trans. Biomed. Eng. **36**(7), 676–682 (1989)
10. Lapicque, L.: Définition Expérimentale de l'excitabilité. C. R. Séances Soc. Biol. Fil. **61**, 280–283 (1909)

第3章

刺激周期中的电极-组织界面

025 **摘要**　神经刺激已被证明是一种非常有效的治疗方法,对其重要的是确保安全运行以保护神经组织与电极。本章首先简要回顾使用神经刺激时可能发生的潜在损伤机制。这些机制之一是在电极-组织界面处的不可逆电荷转移过程,将在随后两节中详细地说明。其次分析了使用耦合电容器的后果。通常耦合电容器宣称可以改进电荷消除并因此保护电极-组织界面,在第3.2节中验证了是否确实如此。在最后一节中介绍了一种新的刺激技术,旨在使电极-组织界面在刺激周期后恢复平衡。

3.1 损伤机制

植入刺激器可导致组织损伤。脑组织可以从某些类型的损伤中恢复,而对于其他类型的伤害是不可逆转的。损伤可以分为两个主要类别[1]:机械损伤和电损伤。

3.1.1 机械损伤

机械损伤由电极和/或刺激器的侵入性植入引起。一旦植入,身体将在电极周围积累结缔组织以包裹它们。在外周神经中,这可能导致神经外膜、亚神经束膜和神经内膜①组织中的结缔组织增厚。据报道,严重时还会有神经性水肿、脱髓鞘和轴突变性[1,2]。在中枢神经系统中,因在大脑皮质中使用穿透性微电极,可以观察到神经元损失[3]。

　　通过仔细设计电极和植入程序,能够最小化机械损伤。例如,包括使用生物相容性材料和避免电极和/或电缆引起应力、压缩或磨损(电极和神经之间的相对运动)的情况。

3.1.2　电损伤

　　电损伤的机制尚未完全了解,但已有几个方面的假设认为它会导致神经元损伤。

　　• **超活化**　神经元损伤被发现与轴突的激活相关:神经元损伤在更频繁或更强的轴突激活情况下增加。类似地,较少地激活轴突将导致较少的损伤[2]。因此,假设神经元损伤由神经元的超活化引起[4]:过多的激活可能导致神经元内外各种离子的浓度不平衡(图 2.2)。

　　• **电穿孔**　电穿孔是由于施加强电场而导致的细胞膜电导率的突然变化[5]。该电导率变化不是由于离子通道的打开,而是由于在膜上形成孔洞。电穿孔被认为是神经元损伤的主要原因[6],可通过检查与刺激持续时间相关的神经元损伤电流密度阈值确认。

　　• **电化学损伤**　在 2.2.1 节中,表明电极-组织界面具有电化学性质。因此,在刺激期间,必须确保不会触发可能导致电极和/或组织损伤的有害电化学反应。理想情况下,在界面处的所有电荷转移过程应当是可逆的。

---

　　①　在周围神经中,单独神经纤维外裹附的鞘称为神经内膜,成束神经纤维外裹附的鞘称为神经束膜,多束神经纤维一起形成神经之外裹附的鞘称为神经外膜。

通过选择足够低的刺激参数可以防止第一类和第二类损伤发生。第三类损伤的避免则需要电极-组织界面在安全的电化学范围内运行。这些范围也由刺激参数确定，但是它们需要刺激器电路附加额外的安全机制。本章讨论了旨在改进或研究电极的电化学操作条件的两种电路技术。

对于可极化电极，通常通过考虑电极的电容电极-组织界面 C_{dl}（图2.5）上的电压来确保电化学安全性：该电压不应超过某一界限以避免发生不可逆的电荷转移过程[7]。这首先意味着，在刺激脉冲期间可以注入的电荷总量是有限的（限制刺激参数在可逆电荷注入极限内[8]）。其次，通过使用双相刺激方案，避免了在 C_{dl} 上的多个刺激周期上的电荷累积[9]。3.2节通过分析使用耦合电容器的后果来详析这个方面。3.3节介绍了旨在使电极-组织界面恢复平衡的刺激电路。

3.2　使用耦合电容器的后果

在刺激器和电极之间使用耦合电容器被广泛认为是一种有效的安全机制[10,11]。使用耦合电容器的各种优点已经确定[12]。第一个重要的优点是在设备故障的情况下防止直流电流流过。例如：如果电极中的一个与电源电压短路，则耦合电容器将防止持续的直流电流通过电极。

归因于耦合电容器的第二个重要优点是它们提高了被动电荷平衡技术的性能[13]。电荷平衡对于极化电极是重要的，以保持电极-组织界面处于电化学安全体系[14]。在实践中，这意味着在刺激周期之后，界面电压应该返回到零。耦合电容器由于其高通特性限制了直流电流的流动，因此没有净电荷可以注入到组织中。

耦合电容器的缺点是它们的所需值通常太高而不能集成在集成电路上[13]，因此它们是使用庞大的外部元件实现的。许多研究集中在设计具有精确电荷平衡电路的刺激器输出级[15,16]，以消除对耦合电容器的需要,其他人提出了高频运行来减小它们的尺寸[17]。实际上,结果似乎表明所提出的机制即使没有用耦合电容器也已足够防止电荷在组织上积累。然而,还不清楚这些系统如何在设备故障的情况下保证安全。因此,许多刺激器系统仍然需要使用耦合电容器。

尽管被广泛使用,但是似乎经常忽略了耦合电容器消除对整个电极的直流电压的控制。因此如文献[18]所示,即使当电极和电容器在刺激脉冲之间和使用电荷平衡双相刺激时短路,也可能在电极-组织界面上产生偏移电压 V_{os}。如果 V_{os} 变得太大,则电极-组织界面可能离开电化学安全体系,触发潜在危险的反应产物的产生。在这种情况下,耦合电容器的预期安全机制产生了相反的结果:出现了潜在的危险情况。在本节中,对 V_{os} 的值在各种操作条件下进行了解析和实验分析。这可以了解 V_{os} 何时超过预定义的安全体系。

3.2.1　方法

双相刺激器系统的基本设置如图 3.1(a)所示:耦合电容器 C_c 与刺激 028 器和电极串联连接。图 3.1(a)中的刺激源是双相恒定电流刺激器,其阴极在先刺激脉冲具有振幅 I_c 和持续时间 t_c。具有振幅 I_a 和持续时间 t_a 的阳极电荷消除相紧随其后。大多数刺激器系统应用无源电荷平衡方案,其中电极和耦合电容器串联连接,在刺激周期之后通过闭合开关 S_1 而短路以放电 C_{dl}。由于当下一个刺激周期开始时需要再次打开 S_1,所以缩短短路时间 t_{dis} 的持续时间就由刺激的重复率 $f_{stim} = 1/t_{stim}$ 确定。

如图 3.1(a)所示,电极被建模为电阻 R_s,与电容器 C_{dl} 和电阻器 R_{ct} 029 串联,以建立如先前在第 2 章参考文献[19]中所讨论的电极-组织界面模型。在本研究中使用的电极是单一的透皮八极导线(由 ANS 制造,目前为圣犹达医疗):它们由分布在单个引线上的八个环形铂接触构成。每个电极具有 1.5mm 的直径和 3mm 的宽度(面积 0.14cm²)。图 3.1(b)示出了刺激装置和电极的图片。将电极浸没在含有以下物质的磷酸盐缓冲盐水（PBS）溶液中：1.059mM KH_2PO_4，155.172mM NaCl 和 2.966mM $Na_2HPO_4-7H_2O$（pH 为 7.4，格兰特岛生物公司® Life Technologies™）。通过选择触点 4 和 5 作为阳极和阴极，以双极方式连接电极。其他触点被悬空。

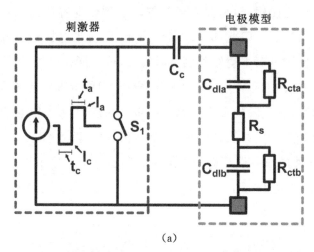

(a)

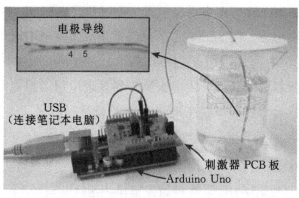

(b)

图 3.1　在(a)中，是包括耦合电容器 C_c 和电极模型的双相恒定电流刺激器系统的基本设置。在(b)中，给出了测量装置的图片，还示出了用于刺激的触点 4 和 5 的电极导线的细节

使用 HP4194A 阻抗分析仪(激励振幅为 0.1V),发现这些电极在盐水溶液 $R_s \approx 100\Omega$ 和 $C_{dl} \approx 1.5\mu F$。这里 C_{dl} 是组合的两个电极-组织界面的电容部分。通过由吉时利 6430 次级光源电压表测量的 5nA 直流电流在电极上的电压来确定 $R_{ct} = 1M$(也组合两个界面)的值。这些类型的电极通常用于脊髓刺激,本章中使用的刺激振幅基于 EON™ IPG(也来自圣犹达医疗)的规格[20]。

3.2.1.1 V_{os} 的确定

在阳极相之后,C_c 和 C_{dl} 都将被充电。在闭合 S_1 时,这些电容器将以时间常数放电:

$$\tau_{dis} = R_s C_{eq} \quad C_{eq} = \frac{C_c C_{dl}}{C_c + C_{dl}} \tag{3.1}$$

如果 S_1 将闭合足够久,则达到伪稳态,其中:

$$V_{Cc} + V_{Cdl} = 0 \tag{3.2}$$

这里 V_{Cc} 是 C_c 两端的电压。如果 S_1 闭得更长,则 C_{dl} 将继续以时间常数 $\tau_2 = R_{ct} C_{dl}$ 通过 R_{ct} 放电,直到 $V_{Cdl} = 0V$ 并达到实际稳态。然而,通常 $t_{dis} \ll \tau_2$,因此仅达到伪稳态。

注意,式(3.2)不保证 $V_{Cdl} = 0$ 在伪稳态中:它是欠定方程并且 $V_{Cc} = -V_{Cdl}$ 可以具有任何值。只有当 C_c 和 C_{dl} 都是理想电容器时,在刺激周期期间,相同的电流流过这两个电容器,导致伪稳态下的 $V_{Cc} = V_{Cdl} = 0V$。如果不满足这些要求(例如,当 $R_{ct} \neq \infty$ 时),流过 C_c 的电流不等于流过 C_{dl} 的电流,这将导致伪稳态下的 $V_{Cdl} = V_{Cc} \neq 0$。这种电荷不平衡可以在多个刺激循环上累积,产生 V_{os} 相对于 V_{Cdl} 的偏移。

我们参考图 3.2 来分析 V_{Cdl}。当在许多刺激周期之后,偏移电压 V_{os} 是稳定的。为了使该电压稳定,通过 R_{ct} 的平均电流必须为零,以使得没有损失电荷,这导致相对于 C_c 在 C_{dl} 上累积的电荷不相等。因此,它必须

保持 V_{Cdl} 的平均值（因此如图 3.2 所示的区域）也必须为零。

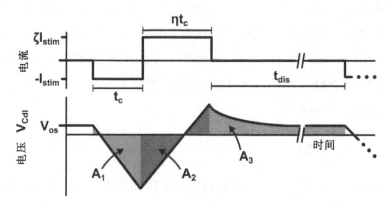

图 3.2　在具有电荷失配的双相刺激循环期间 V_{Cdl} 的示意图。当 V_{os} 稳定时，区域 $A1 + A2 + A3$ 等于零

030　　　为了找到满足该要求的 V_{os} 的值，假定持续时间 t_c 和振幅 $I_c = I_{stim}$ 决定阴极刺激相的特征。在阳极相位中，持续时间 $t_a = \eta t_c$ 和振幅 $I_a = \zeta I_{stim}$ 都可以包括失配。此外，假设 $\tau_{tis} \ll t_{dis}$（使得达到伪稳态），并且 R_{ct} 足够大以在分析中被忽略（但如上所述，其必须是有限的）。区域 $A1, A2$ 和 $A3$ 为

$$A_1 = \int_0^{t_c} \left(V_{os} - \frac{I_{stim}t}{C_{dl}} \right) \mathrm{d}t = V_{os}t_c - \frac{I_{stim}t_c^2}{2C_{dl}} \qquad (3.3a)$$

$$A_2 = \int_0^{\eta t_c} \left(V_{os} - \frac{I_{stim}t_c}{C_{dl}} + \frac{\zeta I_{stim}t}{C_{dl}} \right) \mathrm{d}t = V_{os}\eta t_c - \frac{I_{stim}\eta t_c^2}{C_{dl}} + \frac{\zeta I_{stim}(\eta t_c)^2}{2C_{dl}}$$

$$\qquad (3.3b)$$

$$A_3 = \int_0^{t_{ds}} \left(V_{os} - (1 - \zeta\eta)\frac{I_{stim}t_c}{C_{dl}}\exp\left(\frac{-t}{R_s C_{dl}}\right) \right) \mathrm{d}t = V_{os}t_{dis}$$

$$- (1 - \zeta\eta)I_{stim}t_c R_s \qquad (3.3c)$$

通过设置 $A_1 + A_2 + A_3 = 0$ 并求解 V_{os}，获得以下等式：

$$V_{os} = \frac{(0.5 + \eta - 0.5\zeta\eta^2)I_{stim}t_c^2 + (1 - \zeta\eta)I_{stim}C_{dl}t_c}{C_{dl}t_c(1 + \eta) + t_{dis}} \qquad (3.4)$$

如果 $\zeta = \eta = 1$，这意味着应用了完美的电荷平衡刺激，以下等式成立：

$$V_{os} = \frac{I_{stim} t_c^2}{C_{dl}(2t_c + t_{dis})} = \frac{I_{stim} t_c^2}{C_{dl} t_{stim}} \tag{3.5}$$

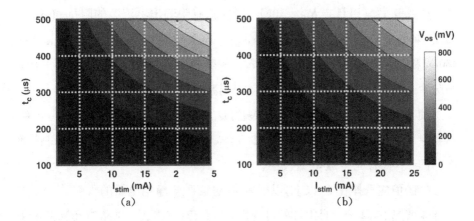

图 3.3　各种刺激设置的伪稳态偏移电压 V_{os} 的概述。在(a)中，选择完美的电荷平衡刺激波形，并且 V_{os} 根据等式(3.5)来决定，$f_{stim} = 200\,Hz$。在(b)中，使用单相刺激波形，并且 V_{os} 使用等式(3.4)与 $\eta = 0$ 来决定

在图 3.3(a)中，对于包括耦合电容器的具有 $f_{stim} = 200\,Hz$ 的电荷平衡刺激周期描绘了 V_{os} 的取值。对于小的 I_{stim} 和 t_c，V_{os} 的值很小，并且对系统的影响可以忽略不计。然而，对于较大的刺激强度，V_{os} 开始增加到几百毫伏(对于最大强度高达 $800\,mV$)。

等式(3.4)也可以通过选择 $\eta = 0$ 来分析单相刺激模式。在图 3.3(b)中，针对这种情况绘制 V_{os} 的值。令人有些惊讶的是，V_{os} 小于双相电荷平衡刺激。这可以由以下事实解释：由于 R_s 的相对低的值，t_{dis} 期间的放电电流大于 I_{stim}，因此与双相刺激波形相比，电极更快地放电以趋向伪稳态。

3.2.1.2　验证 V_{os}

为了验证等式(3.4)，使用仿真以及在盐水浴中的测量来分析电极系统的响应。为了仿真这些电极的响应，图 3.1 的电路在仿真器(LTSpice)中实现。选择开关 S_1 以具有 $R_{off}=10M\Omega$ 以模拟有限输出电流源的阻抗和 $R_{on}=10\Omega$。刺激电流选择为 $I_{stim}=1.5mA$ ($\zeta=1$)，而 8% 的电荷失配通过设置 $t_c=460\mu s$ 和 $t_a=500\mu s$ ($\eta=1.087$)来实现。在刺激周期之后，开关 S_1 在下一个刺激脉冲开始之前关闭 $t_{dis}=9ms$。这使得刺激重复率略高于 100Hz。

使用等式(3.1)，发现 $t_{dis}>60\tau_{dis}$，这意味着可以假设 V_{Cdl} 和 V_{Cc} 已经达到它们的伪稳态值。同样 $\tau_2=1.5s\ll t_{dis}$，这意味着系统将保持在伪稳态，并且不具有完全放电的机会。

032　　　　C_c 的值应选择在 C_{dl} 以上，以限制 C_c 对刺激器净空电压的贡献[21]。在这个特殊情况下，基于测量组件的可用性，选择 $C_c=8.8\mu F$。电路仿真了多个刺激周期(高达 200s)以分析在 C_{dl} 和 C_c 上的电压。为了最小化由仿真器引入的泄漏，将 Spice 仿真器的最小电导率降低到 $G_{min}=1fs$。在仿真之后，使用 Matlab 来选择对应于伪稳态的时间戳，以在多个刺激周期上获得 V_{os} 的值。

在仿真之后，使用分立元件如图 3.4 所示构建刺激电路。晶体管 Q_1 (2N3906)与电阻 R_2 和运算放大器(LMV358)一起实现电流源。使用通过 R_1(1M)和 C_1(1F)滤波的 PWM 信号 V_{in} 来控制输出电流 I_{stim}。使用 MOSFET 器件(NTZD3155C)实现的 H 桥拓扑可在阴极和阳极刺激相期间通过负载双向注入电流。Arduino Uno 用于控制开关：在阴极相期间，开关 SW_{P1} 和 SW_{N1} 闭合；而在阳极相期间，开关 SW_{P2} 和 SW_{N2} 闭合。通过闭合 SW_{P1} 和 SW_{P2}，组织在刺激脉冲之间短路。需要二极管 D_1 和 D_2 (CD0603－B00340)以防止不必要的电流流过二极管 SW_{N1} 和 SW_{N2}(以深灰色表示)：如果 C_{dl} 在阴极相期间被充电超过 0.6V，当刺激方向反转时 SW_{N1} 和 SW_{N2} 的体二极管变为正向偏置。

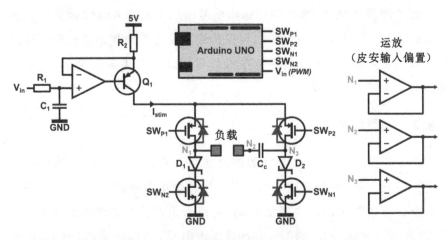

图 3.4　用于验证耦合电容 C_c 对电荷消除影响的测量设置。基于 Q_1 的恒流源通过 H 桥配置（MOSFET 开关）连接到负载，这允许双向刺激。Arduino Uno 用于电路的控制，而缓冲器用于防止测量期间系统加载负载

　　Arduino 被编程为四种不同的刺激设置，如表 3.1 所示。第一设置不使用耦合电容器，并且证实在刺激周期之后 C_{dl} 确实被充电回 0V。第二设置使用具有正电荷失配的低强度刺激周期，而第三设置使用高强度刺激周期（接近电流源将被钳位到 5V 电源电压之前的最大刺激强度）。图 3.4 中电路的负载首先由图 4.7 的电极模型（$R_s = 100$，$C_{dl} = 1.5\mu F$，$R_{ct} = 1M\Omega$）组成。随后，将电极模型替换为浸没在 PBS 溶液（pH 7.4，格兰特岛生物公司®Life Technologies™）中的电极。电极以双极方式刺激。

033

表 3.1　测量期间使用的刺激设置

序号	波形	I_{stim}(mA)	t_c(μs)	失配 η	f_{stim}(Hz)	包括 C_c
1	双相	1.5	460	1.085($t_a = 500\mu$s)	110	否
2	双相	1.5	460	1.085($t_a = 500\mu$s)	110	是
3	双相	15	200	0.75 ($t_a = 150\mu$s)	400	是
4	单相	15	200	0	100	是

为了测量系统的响应，相关输出信号使用皮安输入偏置运算放大器（AD8625，±8V 供电）进行缓冲，以保护测量设备不加载系统负载。通过仿真和测量发现，10M∥12pF 标准探针极大地失真了测量结果，这将在最后一节中进一步讨论。

3.2.2　测量结果

图 3.5 显示了图 3.1 电路的仿真结果。在图 3.5（a）中，伪稳态下 V_{Cdl} 的值经过多个刺激周期。当没有使用耦合电容器时，V_{Cdl} 可以几乎完全放电。当在图 3.5（a）中添加 C_c 时，可以看出在几个刺激周期之后 V_{Cdl} ＝20.7mV。实际上，C_c 的引入在伪稳态中引起 V_{Cdl} 中的偏移。此外，仿真值很好地对应于公式（3.4），其预测 V_{os} ＝20.6mV。

在图 3.5（a）和（b）中，包括 C_c 的电路中电压的仿真瞬态行为示出了两个时间实例。图 3.5（b）示出了紧接在第一刺激周期之后的电压，而图 3.5（c）示出了在 190s 的仿真时间之后的刺激周期，其中的偏移清晰可见。

在图 3.6 中，给出了表 3.1 中列出的所有实验的测量结果。所有波形在刺激足够长时间（至少 5 分钟）之后捕获以允许电压稳定。在所有图中，V_{out} 是指在电流源的输出（在图 3.4 中的节点 N_1 和 N_3 之间）上测量的电压，V_{el} 是电极（节点 N_1 和 N_2）上的电压。对于盐水测量，不可能直接测量 V_{Cdl}，因此示出了 V_{el}。

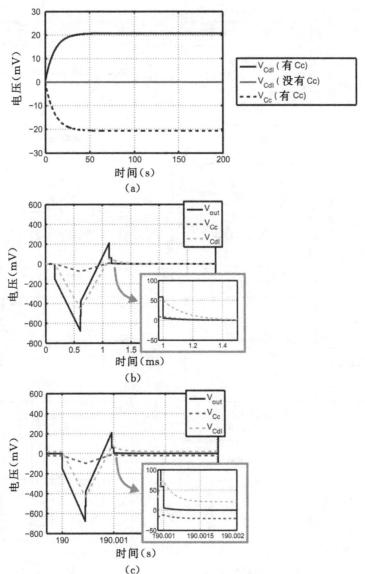

图 3.5 图 3.1 电路的仿真结果。在(a)中,示出了在大量刺激周期的间隔 t_{open} 的电压 V_{Cdl} 和 V_{Cc}。可以看出,耦合电容器导致可能由于欠定方程(3.2)引起的偏移。在(b)和(c)中,分别示出了对应于刺激开始之后和在 190s 之后具有 C_c 和 $R_p = \infty$ 系统的瞬态电压

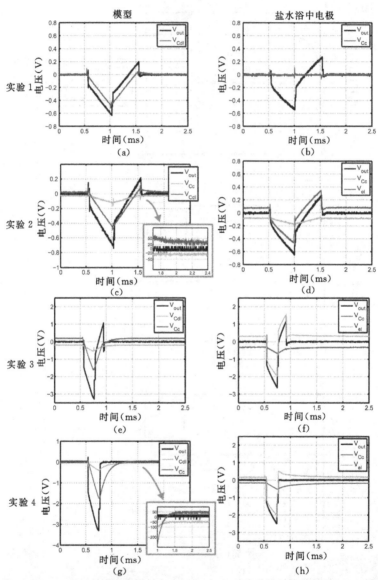

图 3.6   使用图 3.4 所示电路的测量结果。在 (a)，(c)，(e) 和 (g) 中，根据表 3.1 中列出的实验描述了电极模型的结果。(b)，(d)，(f) 和 (h) 显示了相同模型在盐水浴中的电极测量。V_{out} 是节点 N_1—N_3 上的电压（图 3.4），而 V_{el} 是节点 N_2—N_3 上的电压

3.2.3　讨论

V_{os} 的测量值总结在表 3.2 中,并与使用等式(3.4)计算的值进行比 034
较。可以看出,使用模型的测量值与计算值很好地对应,表明电路如预期
地工作。对于盐水测量,V_{os} 的值高于预期值,因此模型低估了所引入的
偏移值。这最可能是由于电极-组织界面的复杂非线性行为,其不能使用
简单电容 C_{dl} 来建模。电极模型是小信号模型(使用 0.1V 的正弦激励建
立 C_{dl}),并且测量结果显示,在刺激周期期间模型的有效性受到限制。从
这些结果和图 6.12 中的曲线我们可以得出如下三个重要的结论。

表 3.2　表 3.1 中实验总结的 V_{os} 的计算值和测量值　　　035

实验	公式(3.4)(mV)	测量(模型)(mV)	测量(盐水)(mV)
1	0	0	0
2	21.6	25	80
3	201	200	320
4	50	50	165

(1)首先,耦合电容器几乎不改善 V_{Cdl} 返回平衡的方式。C_c 有所贡献 036
的唯一方法是通过在 t_{dis} 间隔期间使 τ_{dis}(公式(3.1))更小[12]。这使得界
面可以稍微快些放电以趋向平衡。然而,由于 $C_c \ll C_{dl}$,其对 τ_{dis} 的影响是
可忽略的,因此耦合电容器几乎不能改善电荷消除。

(2)其次,耦合电容器在电极的伪稳态值中引入偏移。V_{os} 的值可以
使用公式(3.4)预测,并且已经通过在盐水溶液中对电极的测量确认了有
效性。

问题是,V_{os} 是否引入了潜在的安全问题。对于小的 V_{os} 值,预期没有
问题:只要没有不可逆的法拉第反应被触发,就不会有预期的有害影响。
此外,V_{os} 将增加可注入的电荷量[22],因为 V_{os} 在刺激周期期间降低了 V_{Cdl}
的峰值电压。

　　然而，当 V_{os} 朝着不可逆法拉第反应的阈值增加时（对于铂电极[8]为600～900mV），预期可能出现问题。在这种情况下，接口在 t_{dis} 间隔期间经历显著的偏移电压，在此期间可能发生不可逆反应。对于图 3.3 的高强度刺激预测 V_{os} 接近或超过最大安全电压窗口值。

　　（3）最后，次级效应对 V_{os} 有很强的影响。在图 3.7(a) 和 (b) 中的测量分别表示实验 2 的模型设置和电极设置。这次电压没有使用皮安输入偏置运算放大器缓冲，但是 10M ∥ 12pF 探针直接连接到 N_1，N_2 和 N_3。可以看出，这对偏移电压有巨大的影响：它分别增加到 2V 和 0.6V。这些发现表明，当将附加电路（例如电极阻抗监视器或记录放大器）添加到使用耦合电容器的刺激器电路时必须小心。

　　综上所述，可以得出结论：与许多其他研究所建议的[12,13,21]相反，引入 C_c 并不改进电荷平衡过程，并且它还与失去对 V_{cdl} 伪稳态值的控制有关。代替通过将电极界面电压返回到 0V 来确保安全性，耦合电容器在界面电压中引入不期望的偏移，其难以由刺激器控制，且对次级效应敏感。

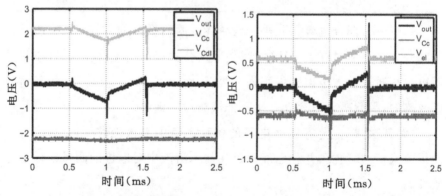

图 3.7　探头在测量设置中的影响。在(a)中，显示移除了皮安输入偏置运算放大器（图 3.4）的电极连接模型测量结果。V_{os} 的值显著增加到超过 2V。在(b)中，用盐水中的电极重复相同的测量，并且这时显示 $V_{os}=0.6$V

　　虽然这项工作建议耦合电容器不利于电荷消除目的,但是在设备或 037
软件故障的情况下,它们仍能保护电极和组织免受直流电流。根据应用,
这可能仍然需要使用这些电容器。在这种情况下,本研究的结果表明应
限制刺激设置以确保在所有操作条件下 V_{os} 不超过任何预定的安全窗口。

　　通过在电极之间引入附加开关,可以完全放电 C_c 和 C_{dl}。在这种情况
下,C_c 和 C_{dl} 单独地短接并且能保证在伪稳态下朝 0V 放电。然而,在这种
情况下,耦合电容器不以任何方式对电荷平衡过程有贡献:与没有 C_c 的
电路相比,它不改善具有相同响应的 τ_{dis} 和 V_{Cdl}。此外,附加开关可能会
引入单故障装置故障风险。

　　这项工作集中在被动电荷平衡技术。主动电荷平衡技术使用反馈以
在刺激周期之后使电极电压回到安全值,并且因此可以帮助克服偏移问
题。然而,如果这些方案需要耦合电容器在器件故障的情况下进行保护,
则重要的是仅测量电极上的电压而不包括耦合电容器。如果使用外部元
件实现耦合电容器,则需要额外的感测引脚。只有这样,反馈机制才有助
于消除偏移。

　　在这项研究中,只考虑了一种类型的电极。具有不同的阻抗水平的
较小电极,在这种情况下需要更多的研究来找到伪稳态响应。注意,公式
(3.4)仅在假设 $\tau_{dis} \ll t_{dis}$ 下有效,这可能不是高阻抗电极的情况。最后,确
定耦合电容的在体影响也将是有趣的。

3.2.4　结论

　　在这项工作中,在神经刺激期间研究耦合电容器对电荷平衡特性的 038
影响。与以前的工作建议相反,发现耦合电容不改善电荷平衡过程。甚
至更重要的是,它们在电极中引入偏移电压,其不能通过诸如无源放电的
常规手段去除。偏移电压的值取决于刺激和电极参数。因此当使用耦合
电容器时,重要的是确保该偏移电压在所有可能的工作条件下不超过任

何安全边界。

3.3　刺激中电荷转移过程的可逆性

如第 3.1 节所述，极化电极在脉动电神经刺激期间的电化学安全操作对于防止电极和组织损伤是重要的。为了防止电荷在极化电极的电极-组织界面处积聚，应用了传统的电荷平衡刺激。在其最简单的形式中，具有相等电荷含量的两相刺激脉冲被施加到组织。为了确保长期稳定性，通常需要额外的机制，例如无源电荷平衡、耦合电容器（见 3.2 节）或使用反馈的有源电荷平衡。

许多刺激器的设计从电气领域解决电荷消除问题并且集中于设计完美匹配的电流源。似乎大多数提出的方法都假设电极在电荷注入限制内运行以用于安全操作[7,23]。这些限制意味着通过电极-组织界面的所有电流都使用可逆电荷转移过程输送。

本节从电化学领域处理问题。提出了一种方法，旨在专门消除已经通过可逆电荷转移过程转移的电荷。通过不可逆电荷转移过程转移的任何电荷将不被恢复。一种前馈机制可以用来实现这个目标。

所提出方法的优点之一是其可以于电极在其应用中运行时使用。该方法不需要额外的电极（例如标准（Ag-AgCl）参考电极），并且在实际刺激周期期间是有效的。在这项工作中，具有两种典型尺寸的双极驱动的铂电极浸没在盐水溶液中，但是该原理也适用于体内设置和/或其他类型的电极配置。

3.3.1　理论

图 3.8(a)给出了用于分析在刺激周期期间电极响应的模型[19]。该模型由两部分组成：(1)电解质（在本研究中是生理盐水溶液）和(2)电极

和电解质之间的界面。假定电解质是电阻性的,并且使用细胞间电阻
("扩散电阻")R_s[24]来建模。

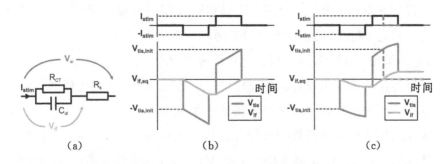

图 3.8　在(a)中,显示了本研究中使用的盐水溶液中电极的模型以及主要电量。在(b)中,
　　　针对 $R_{ct} \to \infty$ 示出了在对称双相刺激波形期间的典型响应。在(c)中,说明了当 R_{ct}
　　　$\neq \infty$ 时的相同响应。注意,当 $V_{el} = V_{el,init}$ 时 V_{if} 返回到 $V_{if,eq}$,如虚线所示

　　界面模型有两部分。通过电极的可逆电流用 C_{if} 建模。这种电流的实
例是由于双层界面(在贵金属电极中常见)的充电而产生的纯电容性电
流,而且还包括伪电容电流,例如表面结合的可逆法拉第过程(例如在
AIROF 电极中占优势)。第二部分是 R_{ct},其代表不可逆的法拉第过程,
例如 O_2 和 H_2 的释放。

　　图 3.8(b)中描绘了在对称电荷平衡双相刺激周期期间仅使用可逆
电荷转移过程($R_{ct} \to \infty$)的电极的示意性响应:界面电压 V_{if} 在第一阴极刺
激相期间充电并在第二阳极刺激相期间放电以回到平衡电压 $V_{if,eq}$。

　　图 3.8(c)中给出了当电极电流还包括不可逆电荷转移分量($R_{ct} \neq$
∞)时发生的情况:V_{if} 首先以较低速率在阴极相期间以通过 R_{ct} 的电流充
电。然后,由于仅电容(可逆)电流应当被电荷平衡而不是电阻(不可逆)
电流的事实,所以 V_{if} 在阳极相期间放电过多。因此 $V_{if} \neq V_{if,eq}$,现在需要
通过电荷平衡技术(例如被动放电(电极的短接))来减少。

　　从图 3.8(b)和(c)可以看出,不论是否 $R_{ct} \to \infty$,一旦 $V_{el} = V_{el,init}$,V_{if}

应尽快返回到$V_{if,eq}$。在该点停止刺激（如图3.8(c)中的虚线所示）具有

040 两个优点。首先，它将使界面返回到$V_{if,eq}$，这消除了在电极短接期间对界面进行充电的需要[25]。其次，阴极和阳极相的持续时间的对称性（分别为t_c和t_a）现在将是在刺激周期期间不可逆过程的量的量度。当$R_{ct} \to \infty$，它将保持$t_c = t_a$，而在不可逆过程情况下，$t_c \neq t_a$。

这使得可以在电极在临床应用中运行的同时检测在刺激周期期间是否发生不可逆电荷转移。这里不需要附加的参考电极，并且电极可以利用临床应用所需的刺激周期来操作。该方法依赖于以下事实：在刺激周期期间电压降$I_{stim}R_s$是恒定的。注意，$V_{if,eq}$不一定需要为零，系统才能工作。这意味着该方法可以与DC电极偏置结合使用，DC电极偏置用于增加AIROF电极的电荷注入能力[26]。

还应注意，图3.8(c)的响应中斜率的"扁平化"（非线性增加）不是假设不可逆反应的充分条件。在实际情况下，C_{dl}和R_{ct}两者都可能表现为非线性。这使得斜率变化而不必引发不可逆反应成为可能。注意，所提出的方法与斜率无关，并且仅依赖于$I_{stim}R_s$电压降。

3.3.2 方法

3.3.2.1 刺激器设计

图3.8(c)所示的原理以图3.9所示的分立元件电路设计实现。使用电阻器R_2形成恒定电流源，其中使用运算放大器OA_1周围的反馈环路使电压保持恒定。晶体管Q_1将该电流传送到电极中，并且使用MOSFET M_1-M_4形成的H桥拓扑来改变电流的方向。具有输出使能（使用! SHDWN -引脚）的高速运算放大器OA_2用于在电容器C_1上的刺激周期开始时对电压$V_{el,init}$采样，之后OA_2再次被禁用。这本质上是实现了开关运算放大器技术[27]。在第二刺激相期间，运算放大器OA_3将监测电极电

压,比较器 OA_4 将其与存储在 C_1 上的电压进行比较。当电极电压等于电容器电压时,将由 OA_4 检测,并且由数字逻辑停止刺激。

该电路在 PCB 上实现。电源电压和控制信号为 5V,均来自 Arduino Uno 微控制器平台。选择 R_2 的值,使得该电阻器上的电压低于 0.5V,以为负载提供足够的电压余量。

在参考文献 [28] 中提出了一种系统,其中阳极和阴极电流受到基于工作电极界面电压的限制。这个想法是为了限制界面上的电压摆动,以使界面返回到平衡。然而,该系统需要另外的参比电极,这使得在临床设置中的应用更加麻烦。此外,限流电路产生非恒定的 I_{stim},这使得电路不适合我们的目的。

041

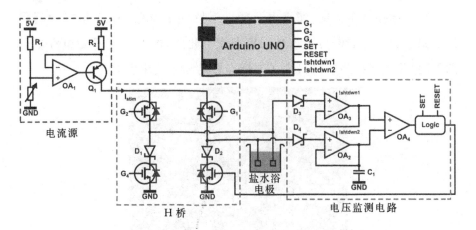

图 3.9　刺激方案的电路实现。电流源产生恒定的 I_{stim},其使用 H 桥 M_1-M_4 双向地注入通过盐水浴中的电极。电压监视电路实现前馈控制:$I_{stim}R_{spread}\text{-drop}$ 在阴极相使用 OA_2 存储在 C_1 上,OA_2 可以使用!SHDWN 引脚切换到高阻抗输出。在阳极脉冲期间,OA_3 用于比较电极电压与存储在 C_1 上的。当比较器 OA_4 检测到刺激周期的结束时,使用逻辑电路来关闭刺激

3.3.2.2　电极

两种不同类型的铂电极用于测量。第一种类型（参见图 3.10）是与在第 3.2 节中讨论的相同类型的 SCS 电极（$R_s \approx 100\Omega$ 和 $C_{dl} \approx 1.5\mu F$）。盐水溶液是 PBS 溶液（浓度为 155.17mM NaCl, 1.059mM KH$_2$PO$_4$ 和 2.97mM Na$_2$HPO$_4$-7H$_2$O, pH 7.4, 格兰特岛生物公司®Life technologies™）。

在本研究中使用的第二种类型的电极是耳蜗电极（歌乐® HiFocus™ 电极，领先仿生有限公司），并且也示于图 3.10 中。电极引线由 16 个铂触点（约 $300\mu m \times 500\mu m = 0.0015cm^2$）组成，其中两个被选择以双极方式驱动电极。对于这些电极，测定在相同 PBS 溶液中的 $R_s \approx 1k\Omega$ 和 $C_{dl} \approx 40nF$。

首先选择刺激强度，使得电荷密度保持低于 $50\mu C/cm^2$，以将运行保持在铂电极建立的电荷注入极限以下[8]。此外，确保电流不受电源电压的限制，并且选择强度以对应于电极类型的临床使用值[15,26]。

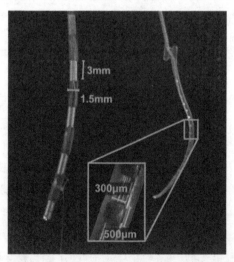

图 3.10　SCS 电极（左）和耳蜗电极（右）用于测量。SCS 电极具有 $0.14cm^2$ 的面积，而耳蜗电极为 $0.0015cm^2$

　　两种类型的电极用脉冲宽度 $100\mu s < t_c < 1ms$ 刺激以研究短和长刺 042
激脉冲的响应。对于 SCS 电极，$I_{stim} < 1.5mA$；而对于耳蜗电极，$I_{stim} < 150\mu A$。对于最高的刺激电流，耳蜗电极的脉冲宽度被限制为 $400\mu s$ 以限制电荷密度。

　　电极用频率 $f_{stim} = 100Hz$ 刺激并在刺激脉冲之间短接。对于每个实验，在进行第一次测量之前进行 60s 刺激。在该初始设置时间之后，测量 100 个连续刺激周期的 t_a 值，并且使用中值来计算脉冲持续时间比例为 t_a/t_c。将电极的响应与连接到刺激器的电极模型（由 R_s 和 C_{dl} 组成）测量进行比较。

3.3.3　测量结果

　　图 3.11(a) 显示了 SCS 电极测量结果的一个例子。灰线描绘 R_s-C_{dl} 负载的响应，其非常类似于图 3.8(b) 中描述的响应。对于此测量 $t_c = 400\mu s$，$I_{stim} = 1mA$。黑线描绘了 SCS 电极的响应，其更类似于图 3.8(c) 的响应：阳极相更快地达到 $V_{el,init}$，因此对于该特定情况，比率 $t_a/t_c < 1$。

　　在图 3.11(b) 中，针对模型和电极的各种 I_{stim} 和 t_c 绘制脉冲持续时间比率 t_a/t_c。如所预期的，该模型给出接近 1 的几乎恒定的比率，因为所有刺激电流用于对 C_{dl} 进行充电和放电。电极显示对于增加的 I_{stim} 和 t_c，比率下降。

　　在图 3.11(c) 中，给出了耳蜗电极的测量结果（$t_c = 400\mu s$，$I_{stim} = $ 043
$140\mu A$）及其等效 R_s-C_{dl} 模型的示例。得到与 SCS 电极类似的结果：该模型具有 $t_a/t_c = 1$，而对于电极，该比率较低。这总结在图 3.11(d) 中，其中模型再次显示出几乎恒定的响应，而电极的比率降低。

　　在图 3.12 中，来自图 3.11 的所有测量值被总结为电荷密度的函数。存在增加电荷密度时 t_a/t_c 比值下降的明显趋势。此外，该图证实了所有测量均使用低于铂电极的可逆电荷注入极限 $50\mu C/cm^2$ 的电荷密度[8]。

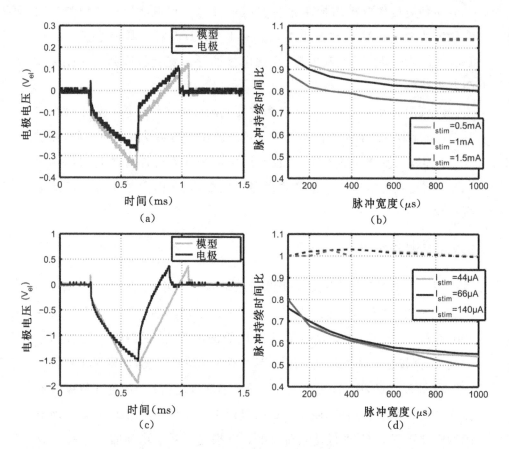

图 3.11　各种刺激设置和电极的 t_a/t_c 比率的测量结果。在（a）中，示出了对于模型以及电极的 SCS 电极（1mA，400μs，2.8μC/cm^2）的测量的示例，示出了 t_a/t_c 脉冲持续时间比率的明显差异。在（b）中，给出了针对 I_{stim} 和 t_c 的几个值的脉冲持续时间比 t_a/t_c 的概况，虚线对应于从模型获得的测量。在（c）和（d）中，给出了耳蜗电极的相同曲线

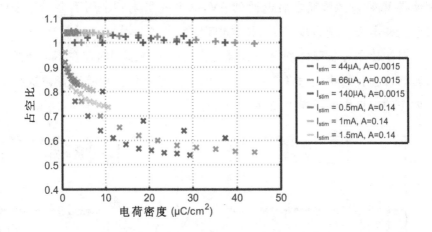

图 3.12　脉冲持续时间 t_a/t_c 比率作为 SCS 电极和耳蜗电极的电荷密度的函
　　　　数。＋标记代表模型的比率,而 x 标记代表盐水中电极的比率(见彩
　　　　色插图)

3.3.4　讨论

　　当使用浸没在盐水溶液中的电极时,比率 t_a/t_c 明显下降,如图 3.12 ⁰⁴⁴
所示。这可能有各种原因。首先,有可能电路实现未能按预期工作。然
而,使用模型(理想的 R_s-C_{dl} 负载)的测量结果表明所提出的电路按照预
期工作:在这种情况下,所有传输的电荷是可逆的,因此比率 t_a/t_c 接近 1。

　　另一个原因是图 3.8(a)中使用的模型无效。该方法严重依赖于以
下事实:在组织电阻 $V_{tis}=I_{stim}R_s$ 上的电压降是恒定的。如果不满足该条
件,则当界面不回到平衡时,刺激将停止。

　　为了研究这个问题,重复刺激序列,但是在刺激周期之后不立即短接
电极。现在可以看到 V_{if} 是否在刺激周期之后返回到平衡。在图 3.13(a)
中,针对 $I_{stim}=1.5\text{mA}$ 和 $t_c=400\mu\text{s}$ 示出了 SCS 电极的响应,并且与前馈
控制被禁用和使用普通电荷平衡刺激的情况进行比较。实际上,前馈控

制使得 V_{if} 在刺激周期之后返回到 $0V$，而电荷平衡刺激则不会。这表明对于这些电极和刺激设置 $I_{stim}R_s$ 是恒定的。

对于比率 t_a/t_c 下降的另一解释是在电极的激励期间存在不可逆的电荷转移过程。这将是非常令人惊讶的结论，因为所有刺激设置被选择为远低于铂电极中的可逆电荷注入的极限。

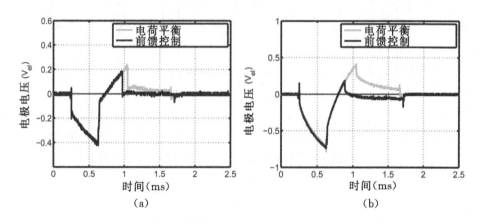

图 3.13 电荷平衡刺激方案中刺激周期后的非短路电极电压与所提出的前馈控制方案的测量结果。在(a)中，示出了 SCS 电极响应，并且与电荷平衡情况相反，前馈控制将界面返回到零。在(b)中，示出了耳蜗电极的响应，并且可以看出前馈控制的阳极相稍短些。在两个图中，电极在大约 $t=1.6ms$ 处短接

不可逆反应可能被低于可逆电荷注入极限而触发的原因之一是这些极限是以间接方式确定的。首先，对应于不可逆反应开始的界面电压是使用循环伏安法测定的[29]。其次，在监测界面电压的同时，电荷平衡双相刺激脉冲施加在电极上[30]。通过防止界面电压超过被认为是不可逆反应的边界的电压窗口，确定电荷注入极限。由于对电极的脉冲激励，法拉第过程与循环伏安法期间的伪稳态行为相比具有不同的行为。由于潜在周期的高速率，需要考虑法拉第过程的动态特性。如参考文献[8]中提出

的,很可能一些法拉第过程没有足够的时间来完成,这意味着电荷转移需要由其他(可能是不可逆的)过程支持。

注意,关于(长期)刺激安全的后果问题并没有讨论。如参考文献[1]所示,电化学过程不可能是刺激诱导损伤中最主要的因素。相反,损伤主要归因于机械效应(导致结缔组织形成和神经元损失)或刺激诱发效应(例如超活化或电穿孔[6])。因此,如果确实不可逆的电荷转移机制在电荷注入极限以下被触发,则这些电荷转移机制不可能对组织或电极损伤具有显著影响。

3.4 结论

本章研究了极化电极在神经刺激期间的电极-组织界面。该界面上的电压需要得到良好控制以避免由于电化学电荷转移过程引起潜在的问题。

首先,研究了由于使用耦合电容器对界面电压产生的影响。尽管在安全性方面有许多优点,耦合电容器消除了对电极-组织界面上的直流电压的控制,但仍显示在该界面上可能产生达到潜在危险水平的偏移电压。

其次,使用前馈电荷平衡技术引入在刺激周期期间控制可逆电荷的新方式。发现对于盐溶液中的铂电极,即使对于低刺激强度,电极-组织界面也需要电荷不平衡刺激以恢复平衡。结果表明,不可逆电荷转移过程在刺激周期期间被触发。

046

参考文献

1. Agnew, W.F., McCreery, D.B.: Considerations for safety with chronically implanted nerve electrodes. Epilepsia **31**(suppl.2), S27–S32 (1990)
2. Agnew, W.F., McCreery, D.B, Yuen, T.G.H., Bullara, L.A.: Histologic and physiologic evaluation of electrically stimulated peripheral nerve: considerations for the selection of parameters. Ann. Biomed. Eng. **17**(1), 39–60 (1989)
3. McCreery, D., Pikov, V., Troyk, P.R.: Neuronal loss due to prolonged controlled-current stimulation with chronically implanted microelectrodes in the car cerebral cortex. J. Neural Eng. **7**(3), 036005 (2010)
4. Agnew, W.F., McCreery, D.B., Yuen, T.G.H., Bullara, L.A.: Local anaesthetic block protects against electrically-induced damage in peripheral nerve. J. Biomed. Eng. **12**(4), 301–308 (1990)
5. Weaver, J.C., Chizmadzhez, Y.S.: Theory of electroporation: a review. Bioelectrochem. Bioenerg. **41**(2), 135–160 (1996)
6. Butterwick, A., Vankov, A., Huie, P., Freyvert, Y., Palanker, D.: Tissue damage by pulsed electrical stimulation. IEEE Trans. Biomed. Eng. **54**(12), 2261–2267 (2007)
7. Robblee, R.S., Rose, T.L.: Chapter 2. In: Agnew, W.F., McCreery, D.B. (eds.) Neural Prostheses: Fundamental Studies. Prentice Hall, New Jersey (1990)
8. Rose, T.L., Robblee, L.S.: Electrical stimulation with Pt electrodes. VIII. Electrochemically safe charge injection limits with 0.2 ms pulses. IEEE Trans. Biomed. Eng. **37**(11), 1118–1120 (1990)
9. Lilly, J.C., Hughes, J.R.: Brief, noninjurious electric waveform for stimulation of the brain. Science **121**, 468–469 (1955)
10. Prutchi, D., Norris, M.: Stimulation of excitable tissues. In: Design and Development of Medical Electronic Instrumentation: A Practical Perspective of the Design, Construction, and Test of Medical Devices. Wiley, New York
11. Parramon, J., Nimmagadda, K., Feldman, E., He, Y.: Multi-electrode implantable stimulator device with a single current path decoupling capacitor. US Patent 8,369,963 (2013)
12. Liu, X., Demosthenous, A., Donaldson, N.: Five valuable functions of blocking capacitors in stimulators. In: Proceedings of the 13th Annual International Conference of the FES Society (IFESS'08), pp. 322–324 (2008)
13. Sooksood, K., Stieglitz, T., Ortmanns, M.: An active approach for charge balancing in functional electrical stimulation. IEEE Trans. Biomed. Circuits Syst. **4**(3), 162–170 (2010)
14. Merrill, D.R., Bikson, M., Jefferys, J.G.R.: Electrical stimulation of excitable tissue – design of efficacious and safe protocols. J. Neurosci. Methods **141**, 171–198 (2005)
15. Site, J.J., Sarpeshkar, R.: A low-power blocking-capacitor-free charge-balanced electrode-stimulator chip with less than 6 nA DC error for 1-mA full-scale stimulation. IEEE Trans. Biomed. Circuits Syst. **1**(3), 172–183 (2007)
16. Nag, S., Jia, X., Thakor, N.V., Sharma, D.: Flexible charge balanced stimulator with 5.6 fC accuracy for 140 nC injections. IEEE Trans. Biomed. Circuits Syst. **7**(3), 266–275 (2013)
17. Liu, X., Demosthenous, A., Donaldson, N.: An integrated implantable stimulator that is fail-safe without off-chip blocking-capacitors. IEEE Trans. Biomed. Circuits Syst. **2**(3), 231–244 (2008)

18. van Dongen, M.N., Serdijn, W.A.: Does a coupling capacitor enhance the charge balance during neural stimulation? An empirical study. Med. Biol. Eng. Comput. 1–9 (2015). http://www.ncbi.nlm.nih.gov/pubmed/26018756

19. Malmivuo, J., Plonsey, R.: Bioelectromagnetism – Principles and Applications of Bioelectric and Biomagnetic Fields. Oxford University Press, New York (1995)

20. Eon Rechargeable IPG tech specs. St. Jude Medical Inc. http://professional.sjm.com/products/neuro/scs/generators/eon-rechargeable-ipg#tech-specs (2013). Cited 14 July 2014

21. Sooksood, K., Stieglitz, T., Ortmanns, M.: An experimental study on passive charge balancing. Adv. Radio Sci. **7**, 197–200 (2009)

22. Donaldson, N.N., Donaldson, P.E.K.: When are actively balanced biphasic (Lilly) stimulating pulses necessary in a neurological prosthesis? II pH changes; noxious products; electrode corrosion; discussion. Med. Biol. Eng. Comput. **24**(1), 50–56 (1986)

23. Cogan, S.F.: Neural stimulation and recording electrodes. Ann. Rev. Biomed. Eng. **10**, 275–309 (2008)

24. Wiertz, R.W.F., Rutten, W.L.C., Marani, E.: Impedance sensing for monitoring neuronal coverage and comparison with microscopy. IEEE Trans. Biomed. Eng. **57**(10), 2379–2385 (2010)

25. Woods, V.M., Triantis, I.F., Toumazou, C.: Offset prediction for charge-balanced stimulus waveforms. J. Neural Eng. **8**(4), 046032 (2011)

26. Cogan, S.F., Troyk, P.R., Ehrlich, J., Plante, T.D.: In vitro comparison of the charge-injection limits of activated iridium oxide (AIROF) and platinum-iridium microelectrodes. IEEE Trans. Biomed. Eng. **52**(9), 1612–1614 (2005)

27. Crols, J., Steyaert, M.: Switched-Opamp: an approach to realize full CMOS switched-capacitor circuits at very low power supply voltages. IEEE J. Solid-State Circuits **29**(8), 936–942 (1994)

28. Troyk, P.R., Detlefsen, D.E., Cogan, S.F., Ehrlich, J., Bak, M., McCreery, D.B., Bullara, L., Schmidt, E.: Safe charge-injection waveforms for iridium oxide (AIROF) microelectrodes. In: Proceedings of the 26th Annual International Conference of the IEEE Engineering in Medicine and Biology Society, pp. 4141–4144 (2004)

29. Brummer, S.B., Turner, M.J.: Electrochemical considerations for safe electrical stimulation of the nervous system with platinum electrodes. IEEE Trans. Biomed. Eng. **24**(1), 59–63 (1977)

30. Cogan, S.F., Troyk, P.R., Ehrlich, J., Gasbarro, C.M., Plante, T.D.: The influence of electrolyte composition on the in vitro charge-injection limits of activated iridium oxide (AIROF) stimulation electrodes. J. Neural Eng. **4**(2), 79–86 (2007)

048

第4章

高频开关模式神经刺激的效率

049 **摘要** 本章探讨了一种完全不同的神经刺激技术——高频开关模式神经刺激的有效性。取代使用恒定幅度的刺激,该技术以高频率(高达 100 kHz)占空比周期信号重复地开启和关闭实施刺激。本文首次表明,开关模式刺激以与经典恒定幅度刺激相似的方式去极化细胞膜。

作为第一步,包括组织材料以及轴突膜的动态特性的组织建模用于比较开关模式刺激与经典恒定振幅刺激的激活机制。这些研究结果随后在通过对小鼠小脑分子层面的刺激信号来测量浦肯野细胞的反应的体外实验中被证实。为此,开发了能够产生单相高频开关模式刺激信号的刺激器电路。

4.1 概述

传统的功能性电刺激通常使用具有恒定幅度 I_{stim} 和脉冲宽度 t_{pulse} 的电流源来募集目标区域中的神经元。早期的刺激器设计由相对简单的可编程电流源实现。多年来,已经提出了许多改进以提高诸如功率效率、安全性和尺寸等重要方面的指标。然而,大多数刺激器仍然在输出端使用恒定电流方式。

　　几个实施方案已经研究了使用替代刺激波形以尝试改善性能。一些实施方式集中在提高神经组织中的激活机制的效率[1,2]。其他方式聚焦于增加刺激器本身的性能,其中几个研究已经提出使用高频刺激波形。在参考文献[3]中用 250kHz 脉冲波形以减小耦合电容器的尺寸。这些波形中的两个随后以反相加入来重建常规刺激波形。在参考文献[4]的 10MHz 正向降压和反向升压转换器中,通过使用感应能量回收来增加刺激器的功率效率。外部电容器用于对开关信号进行低通滤波并重建常规波形。

　　本书第 7 章中将给出使用高频信号刺激组织的神经刺激器前端的设计。与恒定电流刺激相比,该刺激器带来几个优点,例如高功率效率、较少的外部元件,以及对复杂电极配置的支持。在本章中,高频刺激器的电生理可行性在理论上以及实验中加以研究,以确定高频刺激信号是否确实可以与经典恒定电流刺激类似的方式诱导神经募集[5]。

　　假定用于刺激组织的高频刺激模式是方波形状。基于电压和电流的刺激的示意电路图如图 4.1(a)所示。使用固定值的 V_{stim} 或 I_{stim},通过用脉冲宽度调制(PWM)信号驱动开关来控制刺激强度,这被称为开关模式运行。在图 4.1(b),中给出了从两者中任一电路产生的单相刺激脉冲的示意图。开关以占空比 δ 和开关周期 t_s 操作。这导致分别针对基于电压和电流的刺激的平均刺激强度 $V_{avg} = \delta V_{stim}$ 或 $I_{avg} = \delta I_{stim}$。

　　需要注意的是,在这项工作中,"高频"这个词指的是构成一个单一刺激波形的脉冲的频率。它并不是指重复循环的重复率。此外,这项工作研究的是开关模式刺激器电路的电生理可行性,而不是设计一个相对于经典恒流刺激以提高激活机制本身的刺激波形。

　　本章的组织结构如下。在第 4.2 节中,对组织和细胞膜以频率依赖性参数建模。这些模型用于分析膜电压对高频刺激信号的响应。在第 4.3 节中讨论了实验设置,包括高频刺激器原型与体外膜片钳记录装置的组合。最后，在第 4.4 节和第 4.5 节中介绍和讨论了测量结果。

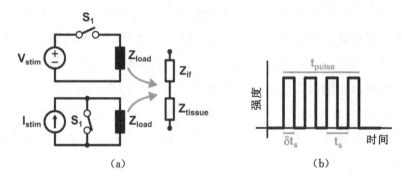

图 4.1　(a)由受 PWM 信号控制的开关驱动的高频电压和电流系统的示意图。在(b)中，描绘了所得到的刺激信号

4.2　理论

051　　通过电极注入的高频（开关）信号将被组织滤波。首先，组织材料性质影响瞬变电压和通过组织的电流。随后，组织中的电场和细胞膜的性质将确定膜电压的瞬态形状，其最终负责神经元的实际激活或抑制。这两个过程将分别讨论。

4.2.1　组织材料特性

在图 4.1(a)中，组织以 Z_{if}（界面阻抗）和 Z_{tis}（组织阻抗）建模。对于基于电流的刺激 $V_{tis} = I_{stim} Z_{tis}$ 独立于 Z_{if}。对于基于电压的刺激 $V_{tis} = V_{stim} - V_{if}$，其中 V_{if} 是在 Z_{if} 上的电压。在本研究中，将使用不可极化的 Ag/AgCl 电极，其 $Z_{if} \approx 0$，因此 $V_{tis} \approx V_{stim}$[6]。

组织电压 V_{tis} 和电流 I_{tis} 通过组织的电阻和电抗特性彼此相关。组织的电容和电阻特性已在宽泛的频率和人体组织类型中得到测量。灰质的电阻率和介电常数作为频率的函数绘制在图 4.2(a)中。该图是通过计算

相对介电常数 ϵ_r 和电导率 σ 获得的，其中基于相对复介电常数 $\epsilon_r(\omega)$ 的方程式[7]：

$$\epsilon_r(\omega) = \mathrm{Re}[\hat{\epsilon}_r(j\omega)] \qquad (4.1)$$

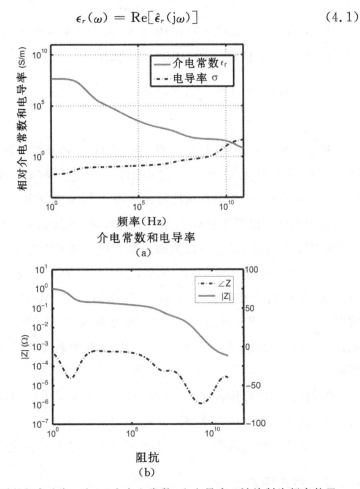

图 4.2　灰质的频率响应。在（a）中介电常数 ϵ 和电导率 σ 被绘制为频率的函数[7]，并在（b）中给出了相应的归一化（阻抗）的波特图

$$\sigma(\omega) = \mathrm{Im}[\hat{\epsilon}_r(j\omega)] \cdot -(\epsilon_0\omega) \qquad (4.2)$$ 052

这里，ϵ_0 是自由空间的介电常数。可以看出，对于 $\hat{\epsilon}_r(\omega)$，神经组织表现出很强的色散性。为了找到组织电压和电流之间的关系，ϵ_r 和 σ 需要

转换成阻抗。给定 $\hat{\epsilon}_r$，阻抗 Z 为

$$Z = \frac{1}{\hat{\epsilon}_r \mathrm{j}\omega C_0} \tag{4.3}$$

这里 C_0 是设置阻抗绝对值的常数，其大小取决于电极的几何形状。阻抗可以归一化，使得 $|Z(0)|=1$，通过使用：

$$\lim_{\omega \to 0} |Z(\mathrm{j}\omega)| = \lim_{\omega \to 0} \left[\sqrt{(\epsilon_r(\omega))^2 + \left(\frac{-\sigma(\omega)}{\omega\,\epsilon_0}\right)^2} \,\omega C_0 \right]^{-1} = \frac{\epsilon_0}{\sigma(0) C_0}$$

$$\tag{4.4}$$

这里，公式（4.1）和（4.2）代替 $\hat{\epsilon}_r(\omega)$ 以及 $\sigma(0)$ 是组织在 $\omega=0$ 时的电导。因此得出遵循 $C_0 = \epsilon_0/\sigma(0)$ 可以使传递函数归一化，从而得到 $|Z(0)|=0$。该归一化阻抗的波特图在图 4.2(b) 中给出。

该图现在可以用于获得 I_{tis} 和 V_{tis} 的形状，并且如果组织的阻抗对于某个频率是已知的，则其可以被缩放以获得正确的绝对值。

作为示例，一个 $100\mu\mathrm{A}$，$200\mathrm{kHz}$，$\delta=0.4$ 的开关电流信号 $i_{\mathrm{in}}(t)$ 被提供给在 $1\mathrm{kHz}$ 时具有阻抗 $|Z|=10\mathrm{k}\Omega$ 的电极系统。组织电压现在通过求解 $V_{\mathrm{out}}(t) = \mathscr{F}^{-1}[Z \cdot \mathscr{F}((i_{\mathrm{in}}(t)))]$ 得到，如图 4.3(a) 所示。实际上，组织电压被滤波，并且在下一节中将会看到，这对于确定神经元的激活是重要的。

053　类似地，可以应用一个 $1\mathrm{V}$，$200\mathrm{kHz}$，$\delta=0.4$ 的开关电压信号 $v_{\mathrm{in}}(t)$。组织电流遵循 $I_{\mathrm{out}}(t) = \mathscr{F}^{-1}[\mathscr{F}[v_{\mathrm{in}}(t)]/Z]$ 并绘制在图 4.3(b) 中。图 4.3(b) 中的电流尖峰是由源自 $\epsilon_r(\omega)$ 组织的电容性质的快速充电引起的。

4.2.2　组织膜特性

通过刺激协议和组织阻抗确定组织电压和电流的瞬态强度之后，可以研究这些量如何影响神经元。类似参考文献[8]中神经元的激活被认为发生在轴突，其可使用电缆方程确定膜电压。对于这些公式需要首先以组织电位作为电极距离的函数。当电极在原点处表现为点源时，组织

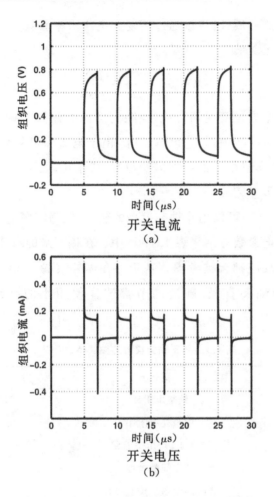

图 4.3　基于图 4.2(b) 中给出的阻抗, 方波电流输入 (a) 响应曲线 V_{tis} 以及方波电压输入
　　　　(b) 响应曲线 I_{tis}

电位具有 $1/r$ 依赖性, 假设准静态条件[8]: $\Phi(r) = I_{stim}/(\sigma 4\pi r)$, 其中 r 是
至电极的距离。

　　参考文献[9] 分析了刺激信号中高频成分对组织电位的影响。发现
传播效应是可以忽略的, 并且只有前面部分讨论的复介电常数是有意义

的。为了合并这些属性，可以通过用复介电常数来替代 σ，从而在频域中确定电位 $\Phi(r, j\omega)$，即

$$\Phi(r, j\omega) = \frac{I_{\text{tis}}(j\omega)}{j\omega\,\epsilon_0\,\hat{\epsilon}_r 4\pi r} \tag{4.5}$$

通过将这个电位变换回时域，在距离点源的任何距离 r 处电位的瞬态可以表示为 $\Phi(r, t) = \mathscr{F}^{-1}[\Phi(r, j\omega)]$。由于电流除以复介电常数，并且没有传播效应，所以电位的瞬态形状与 V_{tis} 成正比，如图 4.3 所示：它仅仅作为距离的函数被缩放。

下一步，$\Phi(r, t)$ 可以用作轴突模型的输入，以确定膜电压的响应。用于轴突模型的电参数总结在表 4.1[8,10] 中。在接下来的章节中，有髓鞘和无髓鞘轴突的反应都会被考虑。基于将在体外实验[11]中使用的无髓鞘浦肯野细胞的轴突直径，随后两节都选择使用小的纤维直径（$d_o = 0.8\mu\text{m}$）。

表 4.1　用于轴突模型的轴突特性[8,10]

符号	描述	值
ρ_i	轴浆电阻率	$54.7\Omega\text{cm}$
ρ_o	细胞外电阻率	$0.3\text{k}\Omega\text{cm}$
c_m	结膜电容/单位面积	$2.5\mu\text{F/cm}^2$
ν	节点间隙宽度	$1.5\mu\text{m}$
l/d_o	节间间距与纤维直径比	100
d_i/d_o	轴突直径与纤维直径比	0.6
g_{Na}	钠电导/单位面积	120mS/cm^2
V_{Na}	钠反转电压	115mV
g_{K}	钾电导/单位面积	36mS/cm^2
V_{K}	钾的反转电压	-12mV
g_{L}	漏电导/单位面积	0.3mS/cm^2
V_{L}	漏电压	10.61mV

4.2.2.1　有髓鞘轴突

对于有髓鞘的轴突,使用图 4.4(a)中的模型。轴突的有髓鞘部分不具有离子通道,因此使用细胞内电阻 $R_i = \rho_i l / (\pi(d_i/2)^2)$ 建模。其中 l 表示节间距,d_i 表示轴突直径。在朗飞节节点,膜的特征在于膜电容 $C_m = c_m \pi d_i v$,静息电位 $V_{rest} = -70\mathrm{mV}$ 和非线性电导 G_{HH}。通过该电导的电流由 H-H 方程给出[12]。

054

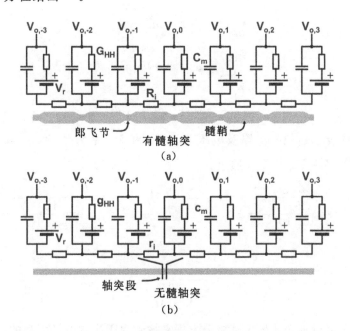

图 4.4　有髓鞘轴突(a)和无髓鞘轴突(b)的轴突模型,用于确定膜电压的响应。节点 V_1 — V_4 处的组织电位随后被以电路仿真建立的膜电压取代

节点 n 处的膜电压 $V_{m,n}$ 可以通过求解下列方程,直接从基尔霍夫定律获得[8]:

055

$$\frac{dV_{m,n}}{dt} = \frac{1}{C_m}\left[\frac{1}{R_i}(V_{m,n-1} - 2V_{m,n} + V_{m,n+1} + V_{o,n-1} - 2V_{o,n} + V_{o,n+1}) - \pi d_i v i_{HH}\right]$$

$$(4.6)$$

这里 $V_{o,n}$ 是节点 n 处的电场产生的电压，其来自公式(4.5)，i_{HH} 是 H-H 方程给出的电流密度：

$$i_{HH} = g_{Na}m^3 h(V_{m,n} - V_{rest} - V_{Na}) + g_K n^4(V_{m,n} - V_{rest} - V_K)$$

$$+ g_L(V_{m,n} - V_{rest} - V_L) \qquad (4.7)$$

$$\frac{dm}{dt} = \alpha_m(1-m) - \beta_m m \qquad (4.8)$$

$$\frac{dh}{dt} = \alpha_h(1-h) - \beta_h h \qquad (4.9)$$

$$\frac{dn}{dt} = \alpha_n(1-n) - \beta_n n \qquad (4.10)$$

电导 g_{Na}, g_K 和 g_L 以及电压 V_{Na}, V_K 和 V_L 是常数，而 α_x 和 β_x 取决于膜电压 $V' = V_m - V_{rest}$，通过：

$$\alpha_m = \frac{0.1 \times (25 - V')}{\exp\frac{25-V'}{10} - 1} \qquad \alpha_h = \frac{0.07}{\exp\frac{V'}{20}} \qquad \alpha_n = \frac{0.01 \times (10 - V')}{\exp\frac{10-V'}{10} - 1}$$

$$(4.11a)$$

$$\beta_m = \frac{4}{\exp\frac{V'}{18}} \qquad \beta_h = \frac{1}{\exp\frac{30-V'}{10} + 1} \qquad \beta_n = \frac{0.125}{\exp\frac{V'}{80}} \quad (4.11b)$$

现在可以通过求解上述微分方程来找到由于高频电场引起的膜电位的响应。这在 Matlab 中通过使用经典的龙格-库塔(RK4)方法来完成。在高频刺激间隔期间选择 $1\mu s$ 的步长，而在刺激脉冲之后使用 $10\mu s$ 的步长。

首先选择使用 $V_{stim} = 1V, |Z(1kHz)| = 1k\Omega, \delta = 0.5, f_{stim} = 1/t_s = 100kHz, t_{pulse} = 100\mu s$ 的开关电压刺激方案。考虑中心节点距离 $y = 0.5mm$ 的轴突。对于这个轴突 $C_m = 56.6fF, R_i = 241.8M\Omega$，朗飞节节点间隔 $80\mu m$，总共仿真了 9 个节点。

仿真得到的膜电压如图 4.5(a)所示。首先,开关模式刺激的效果可以清楚地在膜电压的阶梯瞬态形状中看到。此外,可以看出,膜电压的增加也导致轴突中的动作电位。这显示根据模型,开关模式刺激可以诱导轴突中的激活。最后,该动作电位能够沿着轴突移动,如图 4.5(a)中其他朗飞节节点的响应所示。当使用开关电流刺激时可以获得非常相似的结果。 056

在图 4.5(b)中示出了占空比 δ 的影响。黑线表示 δ＝0.5 时的响应,而浅灰线表示 δ＝0.4 时的响应。后一种设置不再能引起动作电位,这表明 δ 是控制刺激强度的有效方式。上述响应与虚线表示的带有 $V_{\text{stim,classical}}$ ＝δV_{stim} 的经典恒定电压刺激进行比较,可以发现实际上是等效的。 057

4.2.2.2　无髓鞘轴突

对于无髓鞘轴突使用的模型如图 4.4(b)所示。轴突现在分成长度为 Δx 的片段,每个片段含有每单位长度的细胞内电阻:$r_i = 4\rho_i / d_i$,每单位面积电容 c_{m},静息电位 $V_{\text{rest}} = -70\text{mV}$,每单位面积离子电导率 g_{HH}。再次,可以得到求解膜电压 $V_{\text{m},n}$ 的微分方程:

$$\frac{\mathrm{d}V_{\text{m},n}}{\mathrm{d}t} = \frac{1}{c_{\text{m}}}\left[\frac{V_{\text{m},n-1} - 2V_{\text{m},n} + V_{\text{m},n+1}}{r_i(\Delta x)^2} + \frac{V_{o,n-1} - 2V_{o,n} + V_{o,n+1}}{r_i(\Delta x)^2} - i_{\text{HH}}\right]$$

(4.12)

在距离 $y = 0.5\text{mm}$ 处考虑无髓鞘轴突的情形。轴突被分成 $1\mu\text{m}$ 长的 501 段,并具有外径 $d_{\text{o}} = 0.8\mu\text{m}$。对于无髓鞘轴突,需要更高的刺激强度以获得有效的刺激。使用具有 $V_{\text{stim}} = 10\text{V}$ 和 $\delta = 0.5$ 的电压模式刺激信号。

选择相同的求解策略来求解方程(4.12)。膜电位表示于图 4.5(c),看起来非常类似于有髓鞘轴突的反应。同样,在这种情况下,动作电位能够沿着轴突行进,如同沿着轴突进一步向下的节段的响应那样。注意,其传播速度远远低于有髓鞘轴突的情况,这是众所周知的性质。

图 4.5(d)显示了 f_{stim} 的效果:使用 10,50 和 100kHz 的频率。可以

看出，刺激脉冲之后的膜电压和组织的响应不取决于 f_{stim}。

　　仿真结果显示开关模式刺激能够在有髓鞘轴突和无髓鞘轴突中诱导出与经典刺激相同类型的激活。占空比 δ 以与经典刺激中的振幅完全相同的方式控制刺激强度。注意，与组织材料性质相比，膜时间常数大得多，因此在滤波过程中占主导地位。

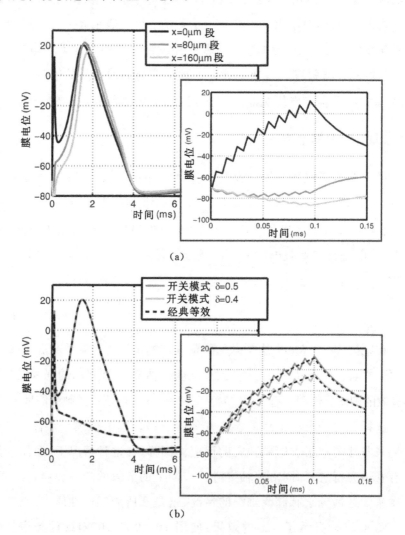

（a）

（b）

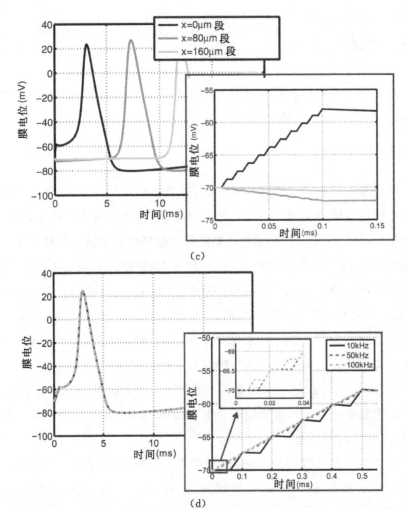

（c）

（d）

图 4.5　根据图 4.4 的模型,应用各种设置获得的开关模式刺激瞬态膜电压。在(a)中描述了
　　　有髓鞘轴突的三个朗飞节节点处的膜电压在 $\delta=0.5$ 开关电压源刺激期间和之后产生
　　　的动作电位。在(b)中描绘和比较了强度(用于开关模式的占空比对于经典刺激的振
　　　幅)的影响。在(c)中显示了无髓鞘轴突中的三个点处的反应,显示了其也可以产生动
　　　作电位。在(d)中,对于 $f_{stim}=10,50$ 和 100kHz$(\delta=0.4)$给出了无髓鞘轴突的响应,这
　　　表明 f_{stim} 对激活没有显著影响。在所有图中,给出了在刺激期间的膜电压细节

4.3 方法

058 为了验证所提出的高频刺激方案是否能够通过利用组织滤波性质诱导神经元募集，进行了体外实验。

4.3.1 记录协议

使用类似于参考文献[14]的方法，在来自 C57B/6inbred 小鼠小脑蚓的脑片中进行体外记录。简而言之，在异氟醚麻醉下将小鼠断头，随后使用莱卡 vibratome(VT1000S)切除小脑并将其横切以保留浦肯野细胞树突状树(250μm 厚)。将切片在含有以下物质的人工脑脊液（ACSF）中保持至少 1 小时：124NaCl，5KCl，1.25Na$_2$HPO$_4$，2MgSO$_4$，2CaCl$_2$，26NaHCO（单位：mM）和 20D－葡萄糖，在 34℃ 下通入 95％O$_2$ 和 5％CO$_2$。将 0.1mM 木防己苦毒素加入到 ACSF 中以阻断来自分子层中间神经元的抑制性突触传递。这允许刺激粒细胞轴突而在浦肯野细胞中记录突触后反应。

在 32±1℃ 下和恒定氧流量速率约 2.0mL/min 的 ACSF 下进行实验。使用配备有 40x 水浸物镜的直立显微镜（Axioskop 2 FS plus；卡尔蔡司）观察浦肯野细胞。

刺激电极是从硼硅酸盐玻璃（外径 1.65mm 和内径 1.1mm)膜片移

059 液管拉出的 Ag-AgCl 电极，并且填充有 ACSF。该电极具有阻抗 $Z_{tis} \approx$ 3MΩ 并使用单相阴极刺激协议刺激。电极放置在小脑外侧分子层胞外空间呈现浦肯野细胞树突树处。我们旨在刺激颗粒细胞轴突，只诱发神经递质释放并避免浦肯野细胞树突状树直接去极化。虽然我们不能排除完全避免了后一种可能的混淆因素，但这种设置足以比较经典和高频刺激波形的激活机制。记录设置的概况如图 4.6(a)所示。

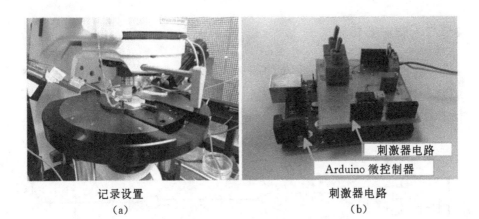

记录设置
(a)

刺激器电路
(b)

图 4.6　在(a)中显示了记录设置,其中刺激电极在前面,记录电极在后面。在(b)中显示了刺激器电路的实现

　　对刺激的响应由以全细胞膜片钳电压钳模式下钳位浦肯野细胞的电极(相同移液器作为刺激电极)来记录,其中填充了 120 K –葡萄糖酸酯,9 KCl,10 KOH,3.48MgCl$_2$,4 NaCl,10 HEPES,4 Na$_2$ATP,0.4 Na$_3$GTP,和 17.5 蔗糖,且 pH 为 7.25。膜电压保持在 −65mV,膜电流使用 EPC 10 双膜片钳放大器(希卡电子)测量。

　　对浦肯野细胞进行了两种不同类型的刺激,并比较彼此的响应。首先,使用单相恒定电流源施加经典刺激。为此,使用了天鹅科技 SIU90 隔离电流源。改变电流的幅度以观察刺激强度对浦肯野细胞响应的影响。刺激协议由两个连续的刺激脉冲组成,脉冲间期分别为 $t_{pulse} = 700\mu s$ 和脉冲间隔为 25ms。

　　随后,进行了开关模式刺激,同样使用具有脉冲间期 $t_{pulse} = 700\mu s$ 和脉冲间隔为 25ms 的两个脉冲。如果浦肯野细胞在开关模式期间对于变化的 δ 表现出类似经典刺激期间对于变化的幅度表现的响应,则可以得出结论,开关模式刺激确实能够模仿经典刺激。

4.3.2　刺激器设计

　　用于开关模式刺激的电路如图 4.7 所示。可以看出，应用开关电压刺激方案：晶体管 M_1 将电极连接到刺激电压 $V_{stim} = -15V$，$V_{stim} = -10V$ 或 $V_{stim} = -5V$，并且以占空比 δ 切换 PWM 信号以确定刺激强度。

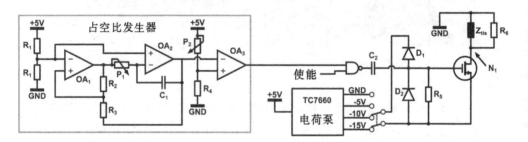

图 4.7　用于产生开关电压单相刺激协议的电路

　　使用占空比发生器电路产生 PWM 信号。运算放大器 OA_1 和 OA_2 产生三角波信号，其频率可以使用电位器 P_1 来调谐。随后，使用在比较器 OA_3 输入处的电位器 P_2 设置占空比 δ。

　　该电路使用 Arduino Uno 微控制器平台进行控制，该平台还为电路提供＋5V 电源电压。全部电路通过使用电池供电笔记本的 USB 接口与 arduino 连接从而与地隔离。电容器 C_2 和钳位器 D_1 和 D_2 用于将来自占空比发生器的 0－5V 逻辑信号电平转换为 V_{stim} 至 V_{stim}＋5V 信号以驱动 M_1 的栅极。电阻 $R_6 = 1M\Omega$ 用于在稳定状态下将 M_1 的栅极放电到 V_{stim}。

　　由于电极的高阻抗，连接到节点 N_1 的任何寄生电容将防止电极电压在开关周期的 $1-\delta$ 间隔期间放电。这将影响组织上的平均电压以及 δ 与刺激强度之间的关系。为了防止这种效应，电阻 $R_5 = 2.7k\Omega$ 与组织并联以允许寄生电容快速放电。该电阻消耗功率，并显著降低系统的功率效率。然而，功率效率不是这个具体实验的设计目标：本实验唯一的目标是显示高频刺激的有效性。没有 R_5，刺激仍然有效，但是电极电压将不具有期望的开关模式形状。完整电路在印刷电路板（PCB）上实现，如图 4.6(b)所示。

4.4　结果

在图 4.8(a)中，显示出了针对三种不同刺激强度的经典恒定电流刺激的浦肯野细胞的响应。首先，存在对应于刺激伪影的大的正尖峰。在小的延迟后，兴奋性突触后电流（EPSC）清晰可见；在该间隔期间，由于细胞的突触后通道的打开，膜电流减小。

在 25ms 之后，第二刺激到达并产生第二个 EPSC。该 EPSC 由于称为双脉冲易化（PPF）的过程而更大：由于第一次去极化，激活的轴突末端中的 Ca^{2+} 浓度更高，故当第二个脉冲到达时，导致神经递质的释放增加。从图中也可以清楚地看到增加刺激振幅可使 EPSC 变得更强。

在图 4.8(b)中，在开关模式刺激期间针对各种刺激设置绘制刺激电极上的电压：占空比 δ 以及电源电压以 100kHz 的固定 PWM 频率变化。由于电压转向特性，刺激脉冲的下降沿非常尖锐，而电阻 R_5 确保其以相当快的速度放电。

在图 4.8(c)中，显示了浦肯野细胞对开关模式刺激的响应。对于这些曲线图，$V_{dd} = 15V$，$t_{pulse} = 700\mu s$ 和 $f_{stim} = 100kHz$。具有与经典刺激期间相同形状的 EPSC 是结果，并且 PPF 也是清晰可见的。还可以看出，通过使用 δ 增加刺激的强度，可增强 EPSC，类似于使用刺激幅度的经典刺激增强 EPSC。这两点显示开关模式刺激能够在神经组织中诱导与经典刺激类似的活动。

061

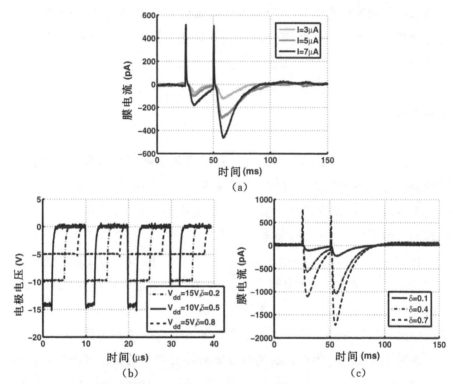

图 4.8　刺激期间浦肯野细胞的测量结果。在(a)中显示了在经典恒定电
　　　　流刺激期间的膜片钳记录。在(b)中，针对 V_{dd} 和 δ 的各种设置绘
　　　　制开关模式刺激期间的电极电压。在(c)中显示了神经元对开关
　　　　模式刺激的响应。在(a)和(c)中，首先观察到对应于刺激反应的
　　　　正峰，之后观察到取决于刺激强度的 EPSC 的产生

4.5　讨论

在图 4.9(a)中，EPSC 最小值的绝对值 $|\min(EPSC)|$ 作为占空比 δ
（$f_{stim}=100\mathrm{kHz}$，$t_{pulse}=700\mu s$）以及可用的三个电源电压的函数给出。实
际上，对于增加电源电压和/或增加 δ 的刺激，响应变得更强。这表明 V_{dd}

以及 δ 都是调整刺激强度的有效手段。

在图 4.9(b)中,用 $V_{dd}=5V$ 和 $t_{pulse}=700\mu s$ 刺激细胞时,PWM 频率从 20kHz 到 100kHz 变化。可以看出,刺激强度随着频率的增加而减小。这是基于图 4.5(d)中的 H-H 方程仿真中一个没有意料到的结果。然而,仿真假设来自电压源的所有能量被转移到 Z_{tis},这在现实中是不可能的。

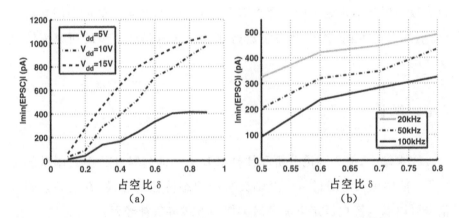

图 4.9 在(a)中,绘制了对于 V_{dd} 的各种设置,最小 EPSC 的绝对值作为 δ 的函数。在(b)中,针对 PWM 频率绘制最小 EPSC 的绝对值

在图 4.3(b)中,由于 Z_{tis} 中电容元件的充电,可以看到大的电流峰值。与 Z_{tis} 串联的任何电阻分量将在这样的峰值期间降低 V_{tis}(在 Z_{tis} 上的电压)。这些电阻的例子可以是非零源阻抗,如开关 M_1 的导通电阻以及电极的法拉第界面电阻 Z_{if}。为了增加 $f_{stim}=1/t_s$,电流峰值增加,这也增加了损耗。

这显示出了使用开关模式方法的一个缺点:由于刺激波形中的高频分量,可以预期损耗较大。因此,基于测量结果可以得出结论:开关模式刺激可以导致与经典刺激相同的激活,但是必须注意使由于高频运行可能产生的额外损耗最小化。

　　这个结论确认了采用高频输出的刺激器设计的电生理可行性。这些
系统可以改进刺激器的功率效率[4]和尺寸[3]等重要方面,但需要权衡开
关模式运行时的优点与额外的损耗。

　　本章没有讨论由于使用开关模式方法对组织损伤的后果。大多数分
析组织损伤的研究[15,16]仅使用经典的刺激方案,因此不知道它们的结果
如何转换为开关模式运行。此外,因为使用的刺激器电路不允许,高频运
行导致的损耗不是定量的。那将需要将 EPSC 与在刺激脉冲期间在组织
(而不是 R_5)中注入的电荷总量进行比较。这需要进一步的研究来解决
这些问题。

4.6　结论

　　在本章中,使用理论分析和体外实验来验证高频开关模式刺激的有
效性。使用包括组织材料以及轴突膜的动态特性的建模,发现高频刺激
信号可以以与经典恒定电流刺激类似的方式募集神经元。

　　在经典刺激和开关模式刺激下分别测量了由于分子层中刺激引起的
浦肯野细胞的响应。测量确认模型显示的开关模式刺激可以诱导神经元
激活,并且占空比 δ 和刺激电压 V_{stim} 是控制刺激强度的有效方式。这表
明从电生理学角度来看,使用高频刺激是可行的,这为开关模式刺激器电
路的设计铺平了道路。在本书的第 7 章中,提出了利用这种方法优势的
神经刺激器。同时,必须小心避免由于使用高频刺激信号而引起的刺激
系统中的损耗。

参考文献

1. Sahin, M., Tie, Y.: Non-rectangular waveforms for neural stimulation with practical electrodes. J. Neural Eng. **4**(3), 227–233 (2007)
2. Wongsarnpigoon, A., Grill, W.M.: Energy-efficient waveform shapes for neural stimulation revealed with a genetic algorithm. J. Neural Eng. **7**(4), 0460009 (2010)
3. Liu, X., Demosthenous, A., Donaldson, N.: An integrated implantable stimulator that is fail-safe without off-chip blocking-capacitors. IEEE Trans. Biomed. Circuits Syst. **2**(3), 231–244 (2008)
4. Arfin, S.K., Sarpeshkar, R.: An energy-efficient, adiabatic electrode stimulator with inductive energy recycling and feedback current regulation. IEEE Trans. Biomed. Circuits Syst. **6**(1), 1–14 (2012)
5. van Dongen, M.N., Hoebeek, F.E., Koekkoek, S.K.E., De Zeeuw, C.I., Serdijn, W.A.: High frequency switched-mode stimulation can evoke postsynaptic responses in cerebellar principal neurons. Front. Neuroengineering **8**(2) (2015). http://journal.frontiersin.org/article/10.3389/fneng.2015.00002/abstract
6. Merrill, D.R., Bikson, M., Jefferys, J.G.R.: Electrical stimulation of excitable tissue – design of efficacious and safe protocols. J. Neurosci. Methods **141**, 171–198 (2005)
7. Gabriel, S., Lau, R.W., Gabriel, C.: The dielectric properties of biological tissues III: parametric models for the dielectric spectrum of tissues. Phys. Med. Biol. **41**(11), 2271–2293 (1996)
8. Warman, E.N., Grill, W.M., Durand, D.: Modeling the effects of electric fields on nerve fibers: determination of excitation thresholds. IEEE Trans. Biomed. Eng. **39**(12), 1244–1254 (1992)
9. Bosseti, C.A., Birdno, M.J., Grill, W.M.: Analysis of the quasi-static approximation for calculating potentials generated by neural stimulation. J. Neural Eng. **5**(1), 44–53 (2008)
10. Tai, C., de Groat, W.C., Roppolo, J.R.: Simulation analysis of conduction block in unmyelinated axons induced by high-frequency biphasic electrical currents. IEEE Trans. Biomed. Eng. **52**(7), 1323–1332 (2005)
11. Somogyi, P., Hamori, J.: A quantitative electron microscopic study of the purkinje cell axon initial segment. Neuroscience **1**(5), 361–365 (1976)
12. Hodgkin, A.L., Huxley, A.F.: A quantitative description of membrane current and its application to conduction and excitation in nerve. J. Physiol. **117**(4), 500–544 (1952)
13. Rattay, F.: Analysis of models for extracellular fiber stimulation. IEEE Trans. Biomed. Eng. **36**(7), 676–682 (1989)
14. Gao, Z., Todorov, B., Barrett, C.F., van Dorp, S., Ferrari, M.D., van den Maagdenberg, A.M.J.M., De Zeeuw, C.I., Hoebeek, F.E.: Cerebellar ataxia by enhanced $Ca_V2.1$ currents Is alleviated by Ca^{2+}-dependent K^+-channel activators in cacna1a^{S218L} mutant mice. J. Neurosci. **32**(44), 15533–15546 (2013)
15. Shannon, R.V.: A model of safe levels for electrical stimulation. IEEE Trans. Biomed. Eng. **39**(4), 424–426 (1992)
16. Butterwick, A., Vankov, A., Huie, P., Freyvert, Y., Palanker, D.: Tissue damage by pulsed electrical stimulation. IEEE Trans. Biomed. Eng. **54**(12), 2261–2267 (2007)

第二部分
神经刺激器的电气设计

　　本部分讨论了神经刺激器的电气设计。它使用了一些前面部分有关
安全和高效刺激的概念,并将其在电路层面实现。本部分还对两个完全
不同应用的刺激系统进行了讨论,并给出了它们的设计和验证。

第 5 章

神经刺激器系统设计

摘要　本章讨论了神经刺激器电路设计的几个系统方面的问题,并提供了　067
一个框架从总体上比较这些设计。整个章节都在进行神经刺激器设计之间
的比较,这些设计将会在第 6 章和第 7 章中做更详细的介绍。两种设计都考
虑到了不同的应用,本章将讨论它们的结果。

第 6 章介绍的系统是用于动物实验的,目的是在可以使用的刺激设
置中提供最大的灵活性,系统并不预期可植入或可穿戴的。第 7 章介绍
的可植入应用设计得益于第 4 章中介绍的刺激策略。

本章的第一部分讨论了一些系统级设计方面的问题,例如系统的位
置、电极配置、刺激波形和电荷消除。在第二部分中,我们将更详细地介
绍刺激器系统的电气实现。

5.1　神经刺激器的系统属性

本节讨论了神经刺激器的各种通用系统属性,以及为后续章节中的
系统所选择的属性。

5.1.1　系统的位置

经皮系统完全处于身体外部,因此不包括任何植入部分。古老形式

的电刺激，例如使用电鱼，可以被认为是经皮刺激。现代经皮电神经刺激
068 (TENS)是镇痛的治疗过程[1,2]，尽管其功效仍不清楚。TENS 的一个明
显优点是其是非侵入性的，同时其缺点是目标刺激区域的选择性差。由
于没有植入物，系统要求通常比较宽松。

透皮（通过皮肤）系统使用植入的电极以改善刺激的选择性。电极通
过皮肤与导线连接到外部刺激器单元。在第 6 章中，这种类型的刺激器
被设计用于耳鸣治疗的动物研究。

可植入系统被完全植入体内而不具有体外部件。这在尺寸和生物相
容性方面对系统提出了严苛的设计要求。第 7 章介绍了用于可植入解决
方案的高效功率刺激器前端的设计。

5.1.2　电极配置

图 5.1(a)中给出了多通道刺激器系统的一般概述：N 个刺激源连接
到 M 个电极。根据应用，电极可以置于单极、双极或（如果 $M>2$）多极配
置。多极配置允许场转向技术，如图 2.6 所示。

单通道刺激器（$N=1$）由可连接到两个或多个电极的一个刺激源组
成。这意味着，仅可能在电极上同时提供一个刺激模式。第 6 章中描述
的系统是一个连接到 8 个电极的单通道刺激器系统。

多通道系统允许更复杂的配置。图 5.1(b)示出了用于具有大量电
极，例如视网膜或耳蜗植入物系统的常见拓扑。每个刺激通道以单极方
式操作，这意味着每个通道连接到一个电极，而返回电流流过公共回流电
069 极。每个通道可以同时并独立地刺激，但连接到一个特定的电极。通过
在输出处并入多路复用器可以进一步增加通道的数量，如图 5.1(c)所
示。在具有 1024 个电极的 256 通道系统的设计[3]中，提出了使用这种拓
扑结构。

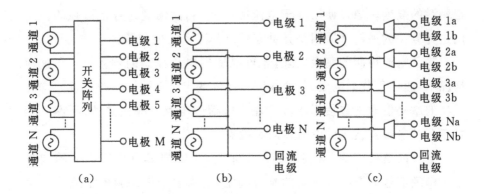

图 5.1　将多通道刺激器系统连接到多个电极的几种可能方法。在(a)中描绘

了具有连接到 M 个电极的 N 个通道、可提供最大灵活性的通用系统。

在(b)和(c)中,示出了用于耳蜗和视网膜植入物的常见拓扑,其中每个

通道固定连接到一个或几个电极

图 5.1(b)和(c)所示的配置对系统的灵活性加以限制:每个通道只能刺激一个电极;不可能用该通道刺激其他电极,并且对同一电极也不可能涉及多个通道。当需要先进的场转向技术时,这些功能很重要。第 7 章介绍的系统具有 8 个独立通道,可以连接到输出端的 16 个电极中的任何一个。该系统为电极配置和电流转向技术提供了无限的可能性。

5.1.3　刺激波形

如 2.2.3 节中介绍的,神经元的募集取决于刺激波形的强度和持续时间。然而,刺激波形可以以许多不同的方式产生,并且对于波形的某些选择将对功效、安全性和效率具有重要的影响。

5.1.3.1　输出数量

大多数经典刺激器使用恒定电流刺激有几个原因。首先,如第 2 章所示(例如,在公式(2.13)中),刺激电流控制组织中的电位,并且因此确

定刺激的强度。通过使用基于电流的刺激，刺激强度是直接可控的。使用这种方法的另一个原因是其更容易控制注入的电荷量。

除了电流控制的刺激之外，还可以使用电压控制的刺激[4]。在这种情况下，通过负载的电流、刺激强度和注入的电荷取决于组织阻抗。这种类型的激励器通常包括用于跟踪注入电荷的电路。除此之外，还提出了基于开关电容器技术的电荷转向刺激器[5]。

重要的是认识到，从刺激的角度来看，不需要具有良好定义的刺激量。刺激信号的振幅由对象的响应确定，还需要根据经验确定或者由闭环的方式检测（神经）响应，然后调节刺激的强度。因此，刺激信号的绝对值并不重要。

在第 6 章中提出的刺激器系统可以由电流或电压控制，但其以电流控制系统的形式实现。第 7 章中实现的系统，使用可以被称为通量控制的新型刺激原理。两种实现方式只侧重于创建精确的输出量。

5.1.3.2 任意波形

经典刺激方案使用恒定的刺激强度。然而，一些研究已经表明，其他波形可以导致更有效的刺激。刺激波形可以受益于如 H-H 方程所描述的膜的动态特性。在参考文献[6]中显示，高斯刺激波形需要较少的能量来获得与方波刺激相同的神经募集。此外，波形还影响电极的电荷注入能力。在参考文献[7]中提出了一个算法，从能效效率的角度寻找最佳的刺激波形，高斯波形再次入选。

使用非恒定刺激波形使得某些系统设计方面更为复杂，例如电荷平衡方案。第 6 章设计了仍然提供电荷平衡刺激的任意波形刺激器。第 7 章设计的系统则使用恒定的刺激强度。

5.1.3.3 单相 vs 双相

刺激波形的另一个特征是单相或双相性质。参考文献[8]显示单相

刺激比双相刺激更有效,因为第二刺激相可以(部分地)抵消第一刺激相
的效果。

然而,并不可能总是使用单相刺激。如第 3 章所示,只有诸如 Ag-
AgCl 电极的非极化电极可以使用单相刺激波形,因为在界面处没有电荷
积聚的风险。可极化电极需要双相刺激波形,使界面电容 C_{dl} 放电,如图
5.2 所示。第 6 章和第 7 章均讨论了提供双相刺激脉冲的刺激器。

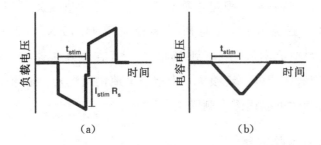

$$\qquad (a) \qquad\qquad\qquad (b)$$

图 5.2 连接到串联 R_s-C_{dl} 模型的恒流双相刺激器的电压波形图。(a)描绘了整个负
　　　载上的电压;(b)显示出了在界面电容 C_{dl} 上的电压。电荷消除方案旨在防
　　　止 C_{dl} 上的电荷在多个刺激周期上的积累

恒定电流刺激器通常使用对称方案实现双相刺激。以这种方式,通
过使用相同的脉冲宽度来控制两个刺激阶段中的电荷。由于第 6 章中设
计的系统允许任意波形,因此它也允许不对称的双相刺激方案。

5.1.3.4 刺激参数

刺激脉冲的幅度和脉宽确定刺激强度,就像第 2 章讨论的强度-时间
曲线所总结的那样,刺激器需要能够调节它们之中的一个或全部以便控
制刺激强度。

当使用双相刺激脉冲时,脉冲间延迟是第一刺激脉冲和第二刺激脉
冲之间的时间。该时间越长,靶组织的膜电压在电荷消除脉冲逆转之前
保持去极化或超极化的时间越长。这给了 H-H 动力学更多的时间"反

应"，因此刺激变得更有效[8,9]。另一方面，电极-组织界面电容 C_{dl} 充电时间将更长（参见图 5.2），这可能导致组织损伤。在第 6 章和第 7 章中涉及的两个系统，脉冲间延迟都是可调节的。

刺激脉冲可以以各种方式触发。在单次刺激的情况下，当开始刺激时，例如通过向系统发送刺激命令来触发单个刺激脉冲。这种类型的刺激通常用于闭环刺激器系统中，例如在癫痫发作抑制中[10,11]。在强直刺激的情况下，以具有某一固定重复频率的同步方式重复刺激模式。这种类型的刺激是最常见的，并且用于多种应用中：TENS、PNS、VNS 和 DBS。重复频率范围从几 Hz 到 1kHz[12,13]。在短阵快速脉冲刺激的情况下，多个刺激脉冲以一定频率一个接一个地快速注入。临床实验表明，这种类型的刺激可以比强直刺激更有效[14]。

5.1.4　电荷消除方案

如第 3 章所述，对可极化电极重要的是不在电极-组织界面上积累任何电荷。参照图 5.2，重要的是刺激周期后电容器上的电压尽可能接近零。已经提出了各种电荷消除技术[15]，其中几项在第 6 章和第 7 章中讨论的刺激器系统中已经实现。

5.1.4.1　电极短接（被动放电）

072

短接电极将以被动放电方式移除留在界面处的电荷。放电速率将取决于由界面电容 C_{dl} 本身和组织电阻 R_s 设置的时间常数。

被动放电不适于高刺激速率和/或高阻抗电极，因为界面将没有完全放电的机会。这将导致多个刺激周期后的电荷积聚。然而，被动放电与其他电荷消除技术结合是一种有效的方法，其已经可使界面电压足够接近零。因此，这一策略适用于第 6 章和第 7 章中讨论的两个系统。

5.1.4.2　耦合电容

确保没有 DC 通过负载的最简单的方法是连接与组织串联的耦合电容器:如第 3 章所示,电容器将确保电极-组织界面上的平均电压为零。这些电容器的另一个优点是,它们还可以防止在设备故障的情况下有 DC 电流流过电极。

然而,第 3 章还显示了使用耦合电容器的缺点。已经表明,与没有耦合电容器的被动放电技术相比,它们并没有改善电荷平衡。此外,耦合电容器引入了电极-组织界面平衡电压的偏移。因此,当使用耦合电容器时,必须注意不要引入太高的 DC 偏移。

这些电容器的另一个缺点是它们所需要的空间。这些电容值应当足够大,以防止在规律的刺激周期期间产生显著的电压,所以它们的值通常在几百纳法[16]到微法[17]的范围内。因此,这些电容器通常使用外部分立元件来实现。

5.1.4.3　电荷/电流监测

控制注入电荷的一种方式是通过测量刺激电流。在一些情况下,该测量用于在两个刺激相精确地匹配刺激电流[18-20]:推/挽匹配。通过同样精确地控制刺激时间,总电荷被平衡,这取决于电流匹配和定时的精度。

电流监测也常用于电压转向系统[4]或注入电荷不易被控制的系统,例如任意波形刺激器[21]。第 6 章中描述的系统就使用这种技术:它测量刺激电流,并将其积分以获得注入电荷值。

使用这种方法的系统,电荷平衡的准确度受到电流测量的准确度的限制。因此,该技术通常需要与其他电荷消除方法组合以确保安全运行。

5.1.4.4 脉冲插入

所有先前的电荷平衡技术不包括电荷平衡方案中的反馈。脉冲插入通过在刺激周期完成之后测量组织电压来引入反馈。当界面电压不在安全范围内时，这表示剩余太多电荷。在这种情况下，一些电荷包通过短路电流脉冲注入，直到界面电压恢复到安全值以内[22]。

这种技术的优点是确保界面被带回到安全窗口内。必须注意，插入的脉冲不应导致靶组织中不期望的刺激伪影。这种技术已在第 7 章讨论的系统中实现。

5.1.4.5 偏移注入

偏移注入[15]是使用反馈的另一种电荷平衡技术。基于刺激周期之后的剩余界面电压，偏移被添加到下一个刺激周期。通过连续调节该偏移，界面电容上的剩余电压被带回到零伏。

该方法的优点是没有伪影能影响靶神经组织募集，缺点是偏移改变注入电荷的总量，这也将影响由刺激所募集组织的体积。

5.1.4.6 IR-Drop 测量

第 3 章中介绍的方法使用基于图 5.2 中所示的 $I_{stim}R_s$-drop 的前馈机制。该方法的优点是在刺激期间注入的电荷总量不受影响，并且也不会引入由于脉冲插入导致的伪影。

然而，在第 3 章中还显示，该方法取决于电极和组织的简单串联 R_s-C_{dl} 模型的有效性。在一些情况下该模型不再有效，这将使刺激周期之后的剩余电压不等于零。

5.2　系统实现方面

在本节中,讨论了几个输出级电路实现的一般问题,仔细回顾了输出级的功率效率,以及产生双相刺激方案的机制。

074

5.2.1　神经刺激器的功率效率

对于电池驱动的刺激器,功率效率以及所需的电池尺寸是影响器件寿命中的重要因素。为了提高功率效率,多年来已经提出了几个输出级配置。这一节将简要回顾这些输出级配置。

• 线性运算

图 5.3(a)显示了基于电流源输出级的最直接实现方式。通过使用非重叠信号控制开关将刺激电流注入到组织中。刺激电流 I_{stim} 将被由固定电源电压 V_{dd} 提供的电流源调节。大多数早期基于电流的刺激器系统都是基于这种拓扑[18,23,24]。

这些系统的效率由于驱动器上的电压降受到限制,而电压降取决于负载条件:$V_{loss}=V_{dd}-I_{stim}Z_{load}$。电流源的功率效率为 $\eta=V_{load}/V_{loss}$。由于 Z_{load} 和 I_{stim} 的幅度对于单个应用可以在许多数量级上变化,所以需要选择相对高的 V_{dd} 以适应最坏的情况。因此,对于典型的工作条件,这些系统受限于有限的功率效率,其中 $V_{load}\ll V_{loss}$。

075

• 自适应电源(G/H 类)

为了最小化 V_{loss} 的值,可以通过自适应电源使电源电压 V_{dd} 适应于负载电压 V_{load}。这或多或少等同于 G/H 类运行,并且如图 5.3(b)所示,其中再次使用非重叠信号控制开关。许多关注于高功率效率的最先进神经刺激器设计使用这种类型的拓扑[3,25-27],并且使用所谓的顺应性监测以适应 V_{dd}。

　　效率由使电流源工作的 V_{loss} 的最小所需值、自适应电源发生器的效率以及可用的电源电平的数量确定。在第 7 章中，对这种类型系统的功率效率进行了定量分析。

● 开关模式运行（D 类）

　　在参考文献［4］中提出了一种开关模式刺激器系统，其运行与 D 类运行相当。图 5.3（c）中描述了该拓扑的概况：通过对脉宽调制（PWM）方波信号进行低通滤波，所需的刺激信号被传送到负载，而不受诸如 V_{loss} 的影响。其功率效率主要由 PWM 调制器中的开关和导通损耗确定。

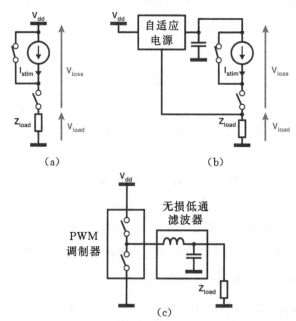

图 5.3　具有不同功率效率的三种可能的输出级拓扑（电流转向）。在（a）中，示出了线性输出级，其中由于电流驱动器上的电压降 V_{loss}，功率效率受到限制。在（b）中，通过使电源电压适应负载电压（G/H 类运行）使 V_{loss} 最小化。在（c）中，描绘了开关模式拓扑，其中功率效率由 PWM 调制器中的开关和传导损耗确定

该系统需要附加无源元件用于无损耗输出滤波器。此外，输出量是电

压,如果期望的输出量是电流的话需要增加额外的电流监测电路[4]。

　　第 6 章中设计的系统使用线性输出级,因为功率效率不是透皮系统的重要设计标准。然而,本章概述的原则仍然适合与自适应供电系统相结合。第 7 章中描述的系统使用基于开关模式运行替代的功率高效输出拓扑。它减少了外部元件的数量,并且不受电压控制。

5.2.2　双向刺激

　　为了产生双向刺激脉冲,有两种可能的原理,如图 5.4 所示。图 5.4(a)中,每个刺激相使用两个分离电源中的一个。在大多数情况下,组织在一侧接地,两个对称电源用于电流源,但在某些情况下,组织连接到中轨参考,这允许单一的正电源电压[4]。从功率效率的角度来看,这些实现是等效的。

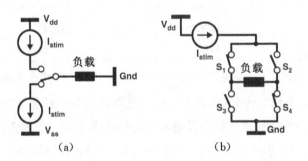

图 5.4　双相刺激器的两种可能的实现方式。在(a)中使用两个电源,而在(b)中
　　　　使用 H 桥。在该图中使用电流源,但是也可以用其他类型(电压、电荷
　　　　等)来代替它们

表 5.1　第 6 章和第 7 章中设计的刺激器系统的性质概述

	第 6 章	第 7 章
侵入方式	透皮的	可植入的
电极配置	单或双极	任意的
刺激量	电流	通量
可调振幅	是	是
可调脉冲宽度	是	是
可调脉冲间延迟	是	是
单次刺激	是	是
强直刺激	是	是
短阵快速脉冲刺激	是	否
通道数	1	8
电极数	8	16
波形	任意的	电流尖峰
单相/双相	二相性（非对称）	二相性（对称）
电荷消除	电流监测	脉冲插入
输出拓扑结构	线性	开关模式

076　　　在图 5.4(b)中，实现了仅使用单个电流源的 H 桥技术。在第一刺激相期间，仅开关 S_1 和 S_4 闭合，而在第二相仅使用 S_2 和 S_3。H 桥方法的优点是仅需要单个电源和激励源。缺点是更复杂的切换方案和一个事实，即在刺激方向反转时带电的界面电容器引入可能导致通过衬底泄漏的负电压（低于地）。

5.3　总结

077　　　本章概述了神经刺激器的几个重要系统特性。表5.1概述了如何在第 6 章和第 7 章讨论的系统中实现这些属性。第 6 章中的系统侧重于刺激波形的灵活性，而功率效率对于外部透皮系统关注较小。第 7 章中着重介绍了系统功率高效、可配置为多电极的可植入方案。

参考文献

1. Marchand, S., Charest, J., Li, J., Chenard, J.R., Lavignolle, B., Laurencelle, L.: Is TENS purely a placebo effect? A controlled study on chronic low back pain. Pain **54**(1), 99–106 (1993)

2. Deyo, R.A., Walsh, N.E., Martin, D.C., Schoenfeld, L.S., Ramamurthy, S.: A controlled trial of transcutaneous electrical nerve stimulation (TENS) and exercise for chronic low back pain. N. Engl. J. Med. **322**(23), 1627–1634 (1990)

3. Noorsal, E., Sooksood, K., Xu, H., Hornig, R., Becker, J., Ortmanns, M.: A neural stimulator frontend with high-voltage compliance and programmable pulse shape for epiretinal implants. IEEE J. Solid State Circuits **47**(1), 244–256 (2012)

4. Arfin, S.K., Sarpeshkar, R.: An energy-efficient, adiabatic electrode stimulator with inductive energy recycling and feedback current regulation. IEEE Trans. Biomed. Circuits Syst. **6**(1), 1–14 (2012)

5. Ghovanloo, M.: Switched-capacitor based implantable low-power wireless microstimulating systems. Proceedings of the 2006 IEEE International Symposium on Circuits and Systems (2006)

6. Sahin, M., Tie, Y.: Non-rectangular waveforms for neural stimulation with practical electrodes. J. Neural Eng. **4**(3), 227–233 (2007)

7. Wongsarnpigoon, A., Grill, W.M.: Energy-efficient waveform shapes for neural stimulation revealed with a genetic algorithm. J. Neural Eng. **7**(4), 046009 (2010)

8. Merrill, D.R., Bikson, M., Jefferys, J.G.R.: Electrical stimulation of excitable tissue – design of efficacious and safe protocols. J. Neurosci. Methods **141**, 171–198 (2005)

9. Hofmann, L., Ebert, M., Tass, P.A., Hauptmann, C.: Modified pulse shapes for effective neural stimulation. Front. Neuroengineering **4**, 9 (2011)

10. Berényi, A., Belluscio, M., Mao, D., Buzsáki, G.: Closed-loop control of epilepsy by transcranial electrical stimulation. Science **337**, 735 (2012)

11. Paz, J.T., Davidson, T.J., Frechette, E.S., Delord, B., Parada, I., Peng, K., Diesseroth, K. Huguenard, J.R.: Closed-loop optogenetic control of thalamus as a tool for interrupting seizures after cortical injury. Nat. Neurosci. **16**(1), 64–70 (2013)

12. Chesterton, L.S., Foster, N.E., Wright, C.C., Baxter, G.D., Barlas, P.: Effects of TENS frequency, intensity and stimulation site parameter manipulation on pressure pain thresholds in healthy human subjects. Pain **106**(1-2), 73–80 (2003)

13. Kuncel, A.M., Grill, W.M.: Selection of stimulus parameters for deep brain stimulation. Clin. Neurophysiol. **115**(11), 2431–2441 (2004)

14. De Ridder, D., Vanneste, S., Loo, E. van der Plazier, M., Menovsky, T., van de Heyning, P.: Burst stimulation of the auditory cortex: a new form of neurostimulation for noise-like tinnitus suppression. J. Neurosurg. **112**(6), 1289–1294 (2010)

15. Sooksood, K, Stieglitz, T., Ortmanns, M.: An active approach for charge balancing in functional electrical stimulation. IEEE Trans. Biomed. Circuits Syst. **4**(3), 162–170 (2010)

16. Constandinou, T.G., Georgiou, J., Toumazou, C.: A partial-current-steering biphasic stimulation driver for vestibular prostheses. IEEE Trans. Biomed. Circuits Syst. **2**(2), 106–113 (2008)

17. Techer, J.D., Bernard, S., Bertrand, Y., Cathebras, G., Guiraud, D.: New implantable stimulator for the FES of paralyzed muscles. Proceeding of the 30th European Solid-State Circuits Conference ESSCIRC, pp. 455–458 (2004)

18. Site, J.J., Sarpeshkar, R.: A low-power blocking-capacitor-free charge-balanced electrode-stimulator chip with less than 6 nA DC error for 1-mA full-scale stimulation. IEEE Trans. Biomed. Circuits Syst. **1**(3), 172–183 (2007)

078

19. Lee, E., Lam, A.: A matching technique for biphasic stimulation pulse. IEEE International Symposium on Circuits and Systems, pp. 817–820 (2007)

20. Xiang, F., Wills, J., Granacki, J., LaCoss, J., Arakelian, A., Weiland, J.: Novel charge-metering stimulus amplifier for biomimetic implantable prosthesis. IEEE International Symposium on Circuits and Systems, pp. 569–572 (2007)

21. van Dongen, M.N., Serdijn, W.A.: Design of a versatile voltage based output stage for implantable neural stimulators. IEEE First Latin American Symposium on Circuits and Systems (2010)

22. Ortmanns, M., Rocke, A., Gehrke, M., Teidtke, H.J.: A 232-channel epiretinal stimulator ASIC. IEEE J. Solid-State Circuits **42**(12), 2946–2959 (2007)

23. Bhatti, P.T., Wise, K.D.: A 32-site 4-channel high-density electrode array for a cochlear prosthesis. IEEE J. Solid-State Circuits **41**(12), 2965–2973 (2006)

24. Coulombe, J., Sawan, M., Gervais, J.F.: A highly flexible system for microstimulation of the visual cortex: design and implementation. IEEE Trans. Biomed. Circuits Syst. **1**(4), 258–269 (2007)

25. Sooksood, K., Noorsal, E., Bihr, U., Ortmanns, M.: Recent advances in power efficient output stage for high density implantable stimulators. 2012 IEEE Annual International Conference of the Engineering in Medicine and Biology Society (EMBS), pp. 855–858 (2012)

26. Williams, I., Constandinou, T.G.: An energy-efficient, dynamic voltage scaling neural stimulator for a proprioceptive prosthesis. IEEE Trans. Biomed. Circuits Syst. **7**(2), 129–139 (2013)

27. Lee, H.N., Park, H., Ghovanloo, M.: A power-efficient wireless system with adaptive supply control for deep brain stimulation. IEEE J. Solid-State Circuits **48**(9), 2203–2216 (2012)

第 6 章

任意波形电荷平衡刺激器的设计

摘要　本章讨论了任意波形电荷平衡双相刺激器的设计。该系统的理念是 079 在刺激波形的选择中给予用户全面的灵活性,同时通过实施电荷平衡机制来确保系统的安全性。如第5章所述,刺激波形可以借助轴突膜的复杂动力学特点以更有效的方式诱导募集。此外,短阵快速脉冲刺激也被认为是一种特殊的刺激波形,显示出一定的优势。

在 6.1 节中讨论了一般系统设计,重点介绍了用于电荷平衡的电流监测技术。在 6.2 节中讨论了系统以 IC 实现的电路设计,并给出了仿真结果。

在 6.3 节中讨论了该技术以分立元件实现并给出了测量结果。在 6.4 节中讨论了采用分立元件形式而非 IC 形式对该系统在透皮在体实验应用中的实现。分立元件系统在原型设计方面更快速并且具有更多的灵活性。此外,实验的透皮性在很大程度上降低了对功率消耗和装置尺寸的要求。

6.1　系统设计

在传统的恒定电流刺激器系统中,输入电荷量 $Q=I_{stim}t_{stim}$,其中 I_{stim} 表示刺激电流，t_{stim}表示刺激时间。因此，使用具有相同的刺激电流和刺激时间的阳极相和阴极相（即对称双相刺激）很容易实现近似电荷平衡。

080　　　本章所设计的系统中采用的刺激波形是任意的，故幅度值并不恒定。然而，这需要匹配两个刺激相的电荷含量。一种实现方法是在刺激路径中引入电流传感器，从而该电荷可以表示为 $Q = \int I_{stim}(t)\,\mathrm{d}t$。

　　实现此目标的一种方法是在电流路径中引入检测电阻。在参考文献[1]中，将 200Ω 电阻器与刺激源串联放置并使用开关电容积分器，便可通过监测该电阻器上的差分电压来确定刺激相的总电荷。但是，感应电阻的引入会带来额外损耗（假设电极电阻 $R_s = 5\mathrm{k}\Omega$，则感应电阻效率降低 4%）。此外，检测电阻器上的共模电压在刺激相的初始阶段会发生剧烈改变，这对积分器提出了严格的要求。

　　如图 6.1 所示，在提出的系统中采用 I_{stim} 的准确并且缩放的副本以便在电流积分器[2]中进一步处理。由任意波形发生器控制的电流 I_{stim} 用于刺激组织，同时缩放的副本 I_{stim}/N 被送到积分器（使用电容器 C 实现）以确定刺激脉冲的总电荷。

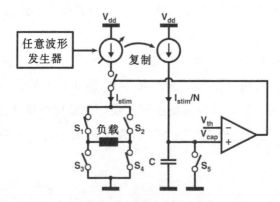

图 6.1　任意波形刺激器的系统设计。刺激电流 I_{stim} 被复制为 I_{stim}/N，并通过电容器 C 对该电流进行积分，以 V_{cap} 的形式获得电荷量的测量

　　该系统可以在两种不同的模式下工作。在第一种模式下,用户通过 V_{th} 来预设电荷量。在第一刺激相（S_1 和 S_2 闭合）以及在第二相（S_2 和 S_3 闭合）期间,当 $V_{cap} = V_{th}$ 时刺激停止,所需的电荷量被输入组织。在两个刺激相之后,闭合开关 S_5 以复位积分器。该模式的缺点是用户不能直接控制刺激脉冲的宽度。

　　在第二种模式下,当 $V_{th} = V_{dd}$ 时注入预先设定好脉冲宽度的刺激脉冲,以防止由于达到充电极限而造成刺激停止。在第一次刺激脉冲之后 $V_{th} = V_{cap}$,因此在第二次刺激脉冲作用期间,再次达到该值时刺激停止。在该模式中,用户能更好地控制第一个刺激脉冲。

　　在图 6.2 中,通过 I_{stim} 和 V_{cap} 的波形来说明工作原理。图 6.2(a)给出 了恒定电流刺激的情况,可以看出,V_{cap} 的值线性增加直到其达到 V_{th}。图 6.2(b)给出了系统对任意波形刺激响应的能力。同时,该示例表明使用不对称的双相刺激同样能实现电荷平衡。

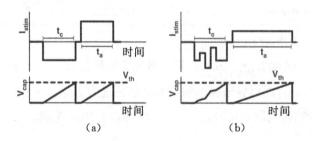

图 6.2　一个刺激周期期间图 6.1 中 I_{load} 和 V_{cap} 的波形示例。（a）表示对称恒定电流刺激；（b）表示任意非对称波形刺激

　　上述拓扑具有以下几个优点。与使用检测电阻器实现相反,积分器可以采用单端输入替代差分输入的。这放宽了对积分器的要求。此外,通过选择高的 N 值可以提高电流效率 $N/(N+1)$。

　　采用基于 H 桥的拓扑（$S_1 - S_4$）可以放宽对失配的要求。在两个刺激相期间,通过使用相同的电路实现了对 I_{stim} 的复制和积分。因此,N 或 C 中的恒定失配不影响两相之间电荷的相对不匹配。更重要的是电荷的绝对值不需要被精确地定义，因为该值由用户凭经验设置。

该系统的缺点是在有效的多通道运行方面能力有限。为了实现多个独立的刺激通道，需要复制图 6.1 的整个系统。

在 6.4 节中对该刺激器系统的应用进行了详细讨论。表 6.1 中对刺激器的系统规格进行了总结。该系统设计成连接到由 Plastics One 公司（罗阿诺克，美国弗吉尼亚州）制造的电极上。该电极对由两根具有裸端的扭绞绝缘不锈钢线组成，直径为 0.01 英寸。假定该电极的串联电阻为 $5k\Omega < R_s < 20k\Omega$。

表 6.1   本章设计的任意波形刺激器的系统需求

描述	值
电极阻抗	$5k\Omega < R_s < 20k\Omega$
幅度范围	$10\mu A < I_{stim} < 1mA$
脉宽范围	$100\mu s < I_{stim} < 1ms$
脉冲形状	任意的（由 DAC 以 $t_s > 10\mu s$ 采样）

该需求选自 6.4 节中的应用描述。

082   要求刺激强度 $I_{stim} < 1mA$，设置刺激强度的步长为 $10\mu A$。刺激脉冲的脉冲宽度 $t_{stim} < 1ms$，因此刺激脉冲的最大电荷容量为 $I_{stim}t_{stim} = 1\mu C$。假定该任意波形由数模转换器（DAC）以最小采样时间 $t_s = 10\mu s$ 生成。

6.2   IC 电路设计

本节中所讨论的设计已使用包括高压 DMOS 晶体管的安森美半导体（以前称为 AMI 半导体）I3T25 0.35μm 技术进行模拟仿真：除了标准 3.3V 的低电压（LV）设备外，该技术还提供了支持高达 18V 漏极电压的高电压（HV）DMOS 设备。

如图 6.3 所示为该系统的基本框图，其中包含两个反馈环。该设计实现了电压的转向输出,在第一反馈环中,放大器可以控制驱动单元的输入进而调节负载上的电压。一旦逻辑单元检测到输入的电荷量已经达到阈值,第二反馈环就会停止刺激。

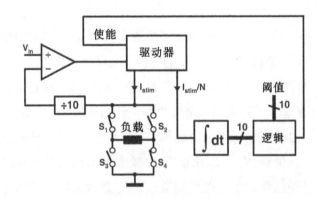

图 6.3　电压控制任意波形刺激器系统的设计框图。积分器通过记录电流控制
　　　　振荡器的周期数将输入电流转换为 10 位数字信号。数字信号的值可以
　　　　表示在刺激脉冲期间输入的电荷

6.2.1　驱动器

驱动器负责产生刺激电流 I_{stim} 和送入积分器的缩放项 $I_{int}=I_{stim}/N$。图 6.4(a)给出了一种直接实现方法,即采用一个标准共源共栅电流镜。电压 V_g 调节 I_{stim},而晶体管的尺寸比可以确保 I_{int} 比 I_{stim} 小 N 倍。

共源共栅级用于补偿沟道长度调制效应,其将改变与负载电压成函数关系的输出电流的比率 N。该效应如图6.5所示。当积分器支路接地时,负载 $10\text{k}\Omega$ 上的电压 V_{out} 会改变。实际上,级联实现能使 N 在很长时间内保持恒定。

图6.4(a)中的一个设计缺点是需要两个尺寸为 N 的高电压(HV)晶体管。为了减少面积消耗,图6.4(b)中的驱动器电路将共源共栅晶体管转换为低电压(LV)晶体管,M_3 上的低电压(它是二极管连接的)保证了该方法的可行性。积分器的输出端还需要一个尺寸为1的HV晶体管以防止LV晶体管所在支路上出现高电压降。对比图6.4(a)和(b)可知,HV晶体管的总数从 $2N+2$ 减少到 $N+2$,这使得 N 较大时面积消耗显著减小。

该方案以降低驱动器的电压顺应性为代价:如图6.5所示,刺激支路中驱动器上的电压降为 $V_{\text{ds,3}}=V_{\text{ds,1}}+V_{\text{ds,4}}+V_{\text{ds,5}}$,$V_{\text{out}}>16\text{V}$ 时比率 N 出现失真,而对于共源共栅的情况,需要 $V_{\text{out}}>16.9\text{V}$。

084　　　由于功率效率不是该系统的设计目标,并且没有实现自适应供电机制,因此顺应电压不是一个大问题。如果功率效率重要性增加,可以使用自适应电源来使电源电压适应负载[3]。在该情况下,顺应电压也应该被最小化,这可以通过参考文献[4]中的主动反馈回路来实现。

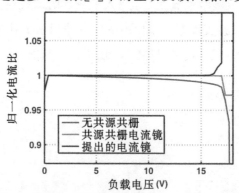

图6.5　归一化电流比 $I_{\text{stim}}/I_{\text{int}}$ 是负载 R_{load} 上的输出电压 $10\text{k}\Omega$ 的函数,I_{int} 电流分支接地

6.2.2　积分器设计

如参考文献[5]中所述,在本节中讨论的积分器可以将输入电流转换到时域以实现低功率运行和大动态范围。

图 6.6 给出了该方法的电路实现。电流控制振荡器将电流 I_{int} 转换为周期信号:振荡器输出的周期取决于输入的电荷量。该周期信号随后被馈送到计数器以跟踪输入电荷包的数量。积分器输出端所需的动态范围可通过以下公式计算:

$$\mathrm{DR} = \frac{Q_{max}}{Q_{min}} = \frac{I_{stim,max} t_{stim,max}}{I_{stim,min} t_{stim,min}} \tag{6.1}$$

代入表 6.1 的值可得 DR $= 60\mathrm{dB}$,因此需要使用 10 位计数器。增加计数器的位数可以使积分器的动态范围任意增大。

该设计基于参考文献[6]中介绍的阈值补偿反相器。基本思想是具有可以独立于 V_{dd} 和工艺变化设置阈值电压的反相器。在该设计中,不仅可以设置阈值电压,而且还可以使其在 $V_{th,h}$ 和 $V_{th,l}$ 之间变化以构造施密特触发器的功能。

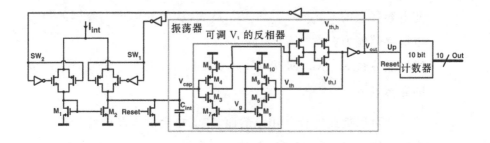

图 6.6　积分器电路的示意图。采用阈值补偿反相器的施密特触发器构成
电流控制张弛振荡器将输入电流转换到时域。通过对与一定量的
电荷对应的振荡器周期进行计数来在数字域中处理并输出

　　振荡器将输入电流 I_{int} 积分到电容器 C 两端的电压 V_{cap} 中。通过使能 SW_2 和禁用 SW_2，可以使电压 V_{cap} 持续增加到达到阈值 V_{th}。此时 SW_1 和 SW_2 切换，从而通过将电流馈送到电流镜 M_1 - M_2 来反转电容器中电流的方向。于是 V_{cap} 将减小至达到低阈值 $V_{th,l}$，SW_1 和 SW_2 再次翻转。

　　图 6.6 中突出显示了实现阈值补偿反相器的电路。基本反相器由晶体管 M_3 和 M_4 组成。晶体管 M_5 和 M_6 复制晶体管 M_3 和 M_4 且输入端电压为 V_{th}。这些晶体管的输出电压决定了晶体管 M_7 - M_{10} 的栅极电压。晶体管 M_9 和 M_{10} 与 M_5 和 M_6 形成的反馈环通过 M_7 和 M_8 可以将 M_3 和 M_4 的 V_{th} 偏置到所需的值。注意，该电路的准确性依赖于晶体管对 M_3 - M_5，M_4 - M_6，M_7 - M_9 和 M_8 - M_{10} 的匹配。

　　从 V_{dd} 流经 M_{10}，M_6，M_5 和 M_9 到地的 DC 电流会增大静态功耗，其值取决于 V_{th}。这里存在两种可能的解决方案：

- 选择 V_{th} 的值接近地或 V_{dd}。在这种情况下，V_{th} 将远离反相器 M_3 - M_4 的"正常"V_{th}。这意味着 M_{10} 或 M_9 将处于弱反转状态，产生低电流。在该特定应用中，选择 V_{th} 接近 V_{dd} 或地是有益的，因为这会使电容器上的 $V_{swing} = V_{th,h} - V_{th,l}$ 最大，从而发挥出电容器的最大电荷存储能力。

- 增加晶体管 M_7，M_8，M_9 和 M_{10} 的长度以使电路的右分支产生较低的静态电流。

　　这些方法可以彼此组合使用。然而，它们也会对电路的性能产生一些负面影响。增加晶体管 M_7 和 M_8 的长度会导致电路运行速度降低：即切换输出（对下一个反相器充/放电）所需的时间加长。同时，增加长度还会导致节点 V_g 处的电容性负载增加。

　　事实上，使晶体管 M_7 和 M_8 的尺寸远短于 M_9 和 M_{10} 仍然可以使阈值电压达到足够的精度。当 V_{th} 接近 0V 时，M_7 和 M_9 将处于饱和状态，

而 M_8 和 M_{10} 将处于放大区。对于饱和状态的晶体管,以下等式成立:

$$I_d = \mu C_{ox} \frac{W}{L} (V_{gs} - V_t)^2 (1 + \lambda V_{ds}) \tag{6.2}$$

这里 μ 表示有效迁移率,C_{ox} 是单位面积的栅极氧化物电容,W 是宽度,L 是长度,V_t 是阈值电压,λ 是晶体管的沟道长度调制参数。假设 $\lambda = 0$,电流 I_d 会随 L 的增加成比例地减小,而与 V_{ds} 无关。对于放大区中的晶体管,假设 $V_{ds} \ll 2(V_{gs} - V_t)$,则有:

$$V_{ds} = \frac{L}{\mu C_{ox} W (V_{gs} - V_t)} I_d \tag{6.3}$$

这说明了 L 增加,饱和晶体管会使 I_d 以相同的因子减小,以在三极管中产生相同的 V_{ds}。这意味着虽然 M_9 和 M_{10} 可以远大于 M_7 和 M_8,但 V_{th} 应该保持相同。V_{th} 接近 V_{dd} 的情况也可以用类似的方法推理。

在图 6.7(a)中给出了几个 V_{th} 的 DC 响应。实线为晶体管 M_7,M_8,M_9 和 M_{10} 的响应,其中 $L = 20\mu m$,虚线为 M_7 和 M_8 的响应,其中 $L = 1\mu m$。可以看出,对称尺寸电路的阈值电压实际上对应于设置的值。对于非对称电路,存在一些明显的偏差。然而,当接近于 V_{dd} 和 gnd 时偏差较小($< 20\%$)。选择 $V_{th,l} = 0.5V$ 和 $V_{th,h} = V_{dd} - 0.5 = 2.8V$,可得 $V_{swing} = 2 \times (2.8 - 0.5) = 4.6V$。

在图 6.7(b)中,给出了三个不同输入电流对应的积分器的仿真结果,其可覆盖整个输入电流范围。同时描绘了三角形电压 V_{cap} 和 V_{out},可以看出,这些信号的频率取决于输入电流 I_{int}。由于 SW_1 和 SW_2 开关引起的延迟,使频率与输入电流不完全成线性关系。当在两个刺激相之间存在较大振幅差时,该偏差将导致微小的电荷不平衡。增大 C 的值可以减少该误差。

静态功耗主要由流经阈值补偿反相器中 $M_5 - M_6 - M_9 - M_{10}$ 分支的静态电流决定。当积分器复位($V_{cap} = 0V$)时,功耗的仿真结果为 171nW。

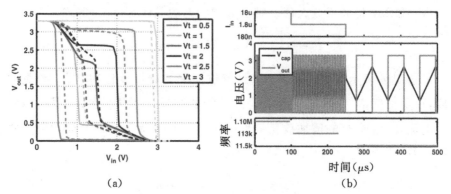

(a)　　　　　　　　　　　　　　(b)

图 6.7　积分系统的仿真结果。(a)中给出了用于对称(实线)和不对称(虚线)
　　　　拓扑的 V_t 补偿反相器的 DC 响应。可以看出，对于 $V_{th} \approx$ gnd 和 $V_{th} \approx$
　　　　V_{dd}，两个系统的响应几乎相同。(b)中给出了完整积分器的仿真(见
　　　　彩色插图)

　　当积分器工作时，功耗增加，这主要由流经阈值补偿反相器的 M_3 -
M_4 - M_7 - M_8 分支中的电流引起。该电流取决于施密特触发器处设置的
阈值电压，因为通过 V_g 确定了 M_5 和 M_6 的反相电平。对于 0.5 和
2.5V，电流消耗分别增加到 800nA 和 $4.1\mu A$。可以通过将阈值电压设置
为靠近 0V 和 V_{dd} 或以速度为代价增加 M_5 和 M_6 的长度来减小电流消耗，
因为这会减小输出电流。

6.2.3　放大器

　　如图 6.8 所示为放大器的电路实现。在输入级，由于反馈网络 R-$9R$
的 10 倍衰减，需要采用差分 PMOS 级(M_1-M_2)来实现 0V $<V_{fb}<$ 1.8V 的电
压范围。这些电阻器可以采用 $R \approx 50k\Omega$ 的高欧姆多电阻实现。

　　在该系统中可以忽略放大器引入的噪声和偏移：不需要像第 5 章那
样很好地描述负载上的电压波形。M_1 和 M_2 处选择小晶体管($W/L =$
$4/4\mu m$)，可以发现偏压 $I_{bias1} = 0.3\mu A$ 足以用来驱动第二级的负载。

　　第二级晶体管 M_5 需要 HV 信号来驱动驱动器的栅极。因此，需要

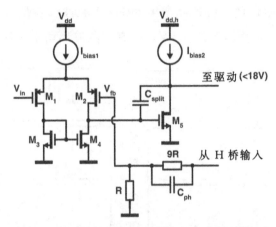

图 6.8　电压控制部分放大器的电路实现。第二级
放大器 M_5 用来将信号移位到 HV 域

具有 HV 偏压的 HV 晶体管，其值由负载的所需驱动能力确定。要使输出级从 $I_{stim} = 0$ 切换到 $I_{stim} = 1mA$，需要由放大器将 35pC 的电荷传送到驱动器的栅极。为了能够在 V_{in} 的最小采样间隔 $t_s = 10\mu s$ 内进行最坏情况的转变，应选择 $I_{bias2} = 4\mu A$ 的偏置电流。

6.2.4　全系统仿真

　　如图 6.9 所示为全系统仿真结果的一些示例。在这些示例中，负载 $R_{load} = 10k\Omega$、$C_{load} = 500nF$。电荷阈值为 255 个电荷包，约为 220nC。

　　图 6.9(a) 中采用 3.5V 的恒定刺激电压。可以看出，刺激电流在两个阶段期间呈指数减小。C_{load} 上的电荷先增加到预期的 220nC，之后它被带回到接近零的值。

　　在图 6.9(b) 中，使用短阵快速脉冲刺激模式，刺激以高频率打开和关闭。选择脉冲宽度为 $50\mu s$，占空比为 50%。在图 6.9(c) 中，由白噪声信号来产生随机信号，该白噪声信号由每 $10\mu s$ 产生的具有正态分布的随机采样经线性内插产生。在图 6.9(d) 中模拟了采用 DAC 产生刺激信号的情况：以 100kHz 的采样速度产生 8kHz 正弦波。在最后三种情况下，第二刺激相电压均为恒定的 3.5V。所有刺激波形均不对称。

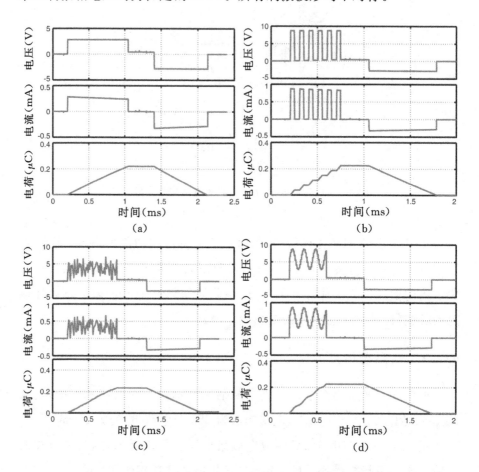

图 6.9　该系统产生的任意刺激波形的仿真结果。所有波形均为双相且电荷平衡，其中 $R_{load}=10k\Omega$，$C_{load}=500nF$。第一刺激相采用以下波形：(a) 对称恒定电压($V_{tis}=3.5V$)；(b) 短阵快速脉冲刺激；(c) 随机刺激；(d) 正弦信号。第二刺激相均采用 3.5V 的恒定电压

在图 6.9 中,产生电荷失配的情况取决于所使用的波形。对于图 6.9(a)－(d),仿真失配分别为 32pC(0.145%),2.48nC(1.12%),12.94nC(5.8%)和 2.04nC(0.93%)。这些电荷失配百分比相对于其他刺激器系统相对较高,如在参考文献[7]中失配低至 6ppm。但是那些系统仅支持对称的恒定电流刺激并且依赖于电流匹配电路技术而对任意波形刺激器无效,因此很难进行对比。

该失配百分比表示需要采用附加的电荷平衡技术以确保该系统在临床应用中的安全性。既可以使用被动放电,如果刺激速率足够低,也可以使用主动电荷平衡方案例如可能的脉冲插入。

6.3　分立元件实现

如本章所述,与以 IC 实现相反,采用分立元件来对任意波形刺激器进行实现可以允许快速原型开发。此外,功率消耗和尺寸在透皮应用方面不是重要的设计指标。

分立实现使用与 IC 实现类似的系统结构,但有以下几点不同:

- 使用电流转向输出,而不是电压转向输出。这使得控制刺激波形的反馈回路改变。使用参考文献[4]中描述的电流控制回路。在参考文献[4]中提出了一种双环路反馈拓扑以准确地控制刺激器的输出电流,而在输出分支只需要一个晶体管。该结构的优点是单个晶体管可以最小化输出级的顺应电压,如果电路与自适应电源配置组合,将有益于最大化功率效率。由于顺应电压在该实现方式中不是非常重要,因此可以使用简单的共源共栅级来替换其中一个反馈回路。

- 积分器以一种更简单的方式实现。因为高值电容器易于用分立元件实现,所以不必将信号转换到时域。通过使用电容器组来缩放

积分电容器 C 的值以适应 60dB 的动态范围。

- 该系统需要驱动 8 个电极。在这些电极中，可以设置任意数目的阴极和阳极。该系统仅实现单个刺激通道，其电荷总量平衡。如果电极的阻抗在刺激脉冲期间彼此改变，则可能在单个电极处产生电荷不平衡。如果只使用一个阳极和一个阴极，则可确保电荷平衡。

在以下两节中给出了分立元件方式的电路实现和测量结果。

6.3.1 电路设计

如图 6.10 所示为分立元件任意波形刺激器的简化电路实现。数模转换器（DAC_1）产生电压 V_{in} 来调节刺激电流。通过 M_1 和 O_1 周围的反馈环路保持电阻 R_1 上的电压等于 V_{in} 以产生输入电流 I_{in}。该输入电流通过电流反馈回路复制到 I_{stim}：在节点 N_1，通过调节晶体管 Q_1 的基极电压将误差电流 I_e 调节到零。为了最小化 Q_1 的早期效应，使用 M_2 共源共栅电流镜。晶体管 Q_1 具有 1∶1 的尺寸比，因此对于该分立元件实现 $N=1$。晶体管 M_3 用于启用/禁用刺激：当其被接通时，M_1 的栅极电压被强制为 0V，这将使 $I_{in}=0A$。

091　　　　开关阵列设置的 8 个电极的任何组合可以反馈刺激电流 I_{stim}。每个开关阵列使用 SPI 接口的八通 SPST（单刀单掷）开关阵列 IC（MAX335）实现。采用 H 桥拓扑实现双相刺激：在第一刺激周期完成之后，两个阵列的开关配置被反转，这使得通过电极的刺激电流方向反转。

电流 I_{int} 被馈送到电容器 C_1 - C_4 组合而成的积分器以获得电荷：V_{cap} $= C^{-1}\int I_{int}\mathrm{d}t$。使用开关可以选择电容器 C_1 - C_4 的任意组合，以便根据刺激脉冲的近似电荷含量来最大化 V_{cap}。在达到由 DAC_2 生成并由 V_{ref} 设置的特定充电阈值时，比较器 Q_2 可以使用数字逻辑来禁用刺激。信号

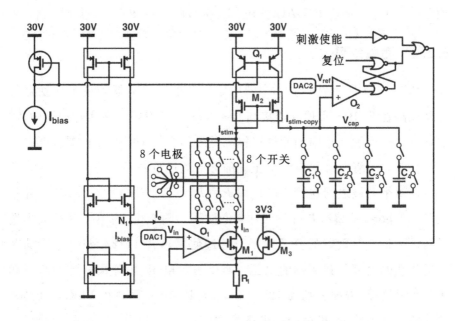

图 6.10　任意波形刺激器分立元件实现的简化电路图

"StimEnable"和"Reset"分别用于在达到电荷阈值之后启用刺激和复位锁存器。

典型的刺激周期工作过程如下。首先,将开关阵列置于第一刺激相位置。为了完全输入第一刺激波形,设置 V_{ref} 的值为 V_{dd} 以防止 Q_2 停止刺激。随后通过"StimEnable"信号启用刺激,同时 DAC_1 生成刺激波形。完成后 V_{cap} 的值由模数转换器(ADC)采样并复制在 DAC_2 上。

接着,积分器复位并反转开关阵列以准备第二刺激相。在"StimEnable"信号处于使能状态并在 DAC_1 上设置所需波形后,当 V_{cap} 通过 Q_2 达到 V_{ref} 时,刺激将自动停止,电荷达到平衡。

图 6.10 所示的电路由 Beaglebone 信用卡大小的开发板控制,该板包括 AM335×720MHz ARM Cortex-A8 微处理器。该板的 3.3V 电源用作低压电源,使用升压转换器生成 HV 30V 电源。处理器的内部 ADC

用于采样 V_{cap}，DAC_1 和 DAC_2 使用 SPI 接口的 LTC2602 IC 实现。

6.3.2 测量结果

如图 6.11 所示，图 6.10 中的电路以及电压调节器和电平转换器等支持电路在 PCB 上实现并连接到 Beaglebone 开发板。在实际应用中，需要在电路中增加几个附加元件以提高其安全性，例如 $2.2\mu F$ 耦合电容器和肖特基二极管可确保电流沿正确的方向流过负载。

在两个电极之间连接串联负载 $RC(R = 8.2k\Omega, C = 220nF)$，并且在 Beaglebone 中编程各种不对称刺激波形。图 6.12 为单个刺激波形通过初始不带电荷负载的测量结果。通过使用惠普 1142A 差分探针捕获通过负载的电流及其两端的电压。对于恒定电压、短阵快速脉冲刺激和正弦刺激情况，失配分别为 12nC(1.5%)，19nC(3.5%) 和 12nC(1.6%)。这与图 6.9 中的 IC 模拟的结果相当。

图 6.11　任意波形刺激器的分立元件实现。底部的 PCB 是 Beaglebone 微处理器平台，用于控制上层 PCB。该 PCB 包括本章中讨论的刺激器系统以及必要的支持电路

　　该电荷失配在 6.4 节讨论的应用中是可接受的。在该应用中存在有限量、时间间隔较大（以秒为单位）的刺激周期。这使得具有足够的时间对负载电容器进行被动放电，因此不需要主动电荷平衡方案。

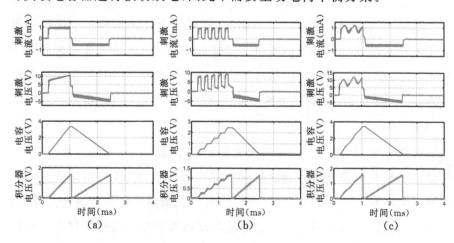

图 6.12　与图 6.10 类似的任意波形刺激器分立元件实现的测量结果，所有子图均为双相不对称刺激。（a）为恒定电流；（b）为短阵快速脉冲波形；（c）为正弦波形

6.4　应用：多模式刺激减少耳鸣

　　如参考文献[8]中所述，耳鸣是指"受试者在没有相应外部声刺激的情况下对声音的主观感知"。虽然耳鸣出现的原因尚不清楚并且被发现是多因素造成的，但在很多情况下认为耳鸣与听觉通路中的病理变化相关，例如听力损失。有报告称受试者的听力损失和感知的耳鸣谱之间具有明显的相关性[9]。因此，假设耳鸣产生的原因之一是听觉通路变化引起神经系统反应，类似于截肢术后的幻痛感觉。

　　目前有多种治疗耳鸣的方法，如心理治疗、听觉刺激、药理治疗和脑刺激[8]。大多数治疗仅同时使用这些方面中的一个。例如，有许多使用音频治疗方法治疗耳鸣的研究。这些在动物实验中获得了令人鼓舞的结果[10]，但在人体实验中的功效仍然较低[11]。

本文提出的治疗方法的中心思想是在一种治疗方法中结合多种模式。在该方式结合听觉刺激与电刺激，电刺激通过刺激神经系统的正负奖赏机制来增强听觉刺激的效果。奖赏系统通过巴甫洛夫和操作性条件反射学习，包括腹侧纹状体、伏核和缰核。伏核参与人类神经系统的正奖赏系统[12]，相反地，缰核则为神经系统提供负面奖赏，因此刺激缰核可以诱导负反馈[13]。

建议的刺激方法如下：如果听觉刺激的频谱落在耳鸣带之外，则通过刺激伏核来给出正刺激。通过这种方式来训练神经系统，使其将非耳鸣频率的刺激视为正性的奖赏。同时，当听觉刺激频谱落入耳鸣谱内时，通过刺激缰核诱导负反馈以使神经系统将耳鸣频率视为负性的奖赏。假设这最终将减少或消除导致耳鸣的不期望响应。

这种技术也可用于其他病理性疾病，如成瘾。通过给予神经系统负性的奖赏，同时向受试者呈现与成瘾相关的输入，大脑可以得到修复将成瘾视为坏的。例如，可以为酒精成瘾者提供图像、气味甚至真正的酒精饮料，同时给予负性的奖赏。类似地，可以在向受试者提供非酒精饮料的同时给予正性的奖赏。

6.4.1　材料

采用 Plastics One MS303/2 - B/SPC 双通道扭绞线电极。除了与组织接触的尖端(0.2mm)之外，每根不锈钢丝(直径 0.2mm)用聚酰亚胺涂覆。为了适应后期设置，为刺激器配备 8 个电极触点，从中可以选择任意数量的阳极和阴极(如第 6.3 节所述)。

在表 6.1 中概述了刺激器的设置。除此之外，刺激器需要能够提供短阵快速脉冲刺激[14]：这意味着多个刺激周期(通常为 5)以较短的间隔重复。

存在两种不同的短阵快速脉冲模式:重复完整的刺激周期(包括电荷平衡相)或仅重复第一刺激周期(如图 6.2(b)的波形)。第一种方式仅实现第一个模式,但是由于任意波形能力使得第二个模式在未来可以相对容易地实现。

音频呈现应该选择单音调或类噪声。当使用单音调模式时,根据音调频率是否落在耳鸣范围内来调节电刺激。当使用噪声时,基于耳鸣的频率来对噪声进行滤波。

如图 6.13 所示为能够满足上述电气和听觉要求的完整系统。在6.3 节中讨论的任意波形激励用于构造能够同步即将听觉刺激与电刺激配对的神经刺激器装置。出于安全考虑,应使用与地电气隔离的 PC 或笔记本电脑来控制系统。

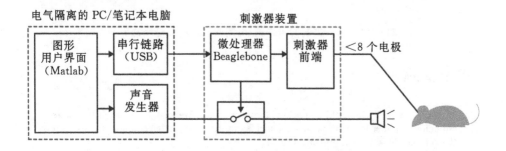

图 6.13　用于该实验的系统拓扑的概述:计算机使用 Matlab 来生成声音刺激并向用户提供
　　　　 GUI。计算机随后连接到刺激装置使电刺激与音频信号同步并递送到实验对象

计算机使用串口连接将刺激设置发送到刺激器装置。当刺激循环开始时,PC 首先产生听觉刺激。音频信号通过微处理器与电刺激同步,即在电刺激开始的同时闭合开关(ADG621)。

用户可以通过如图 6.14 所示的图形用户界面(GUI)调整刺激的所有必要参数。在该实现中,可以生成两种刺激模式。模式 1 将非耳鸣频率呈现给受试者的同时将听觉刺激与电刺激相结合用于刺激伏核。模式 2 单独使用听觉刺激并且可以用于向受试者呈现耳鸣频率。未来,该

GUI 的能力可以扩展到包括对模式 2 的另一独立电刺激。

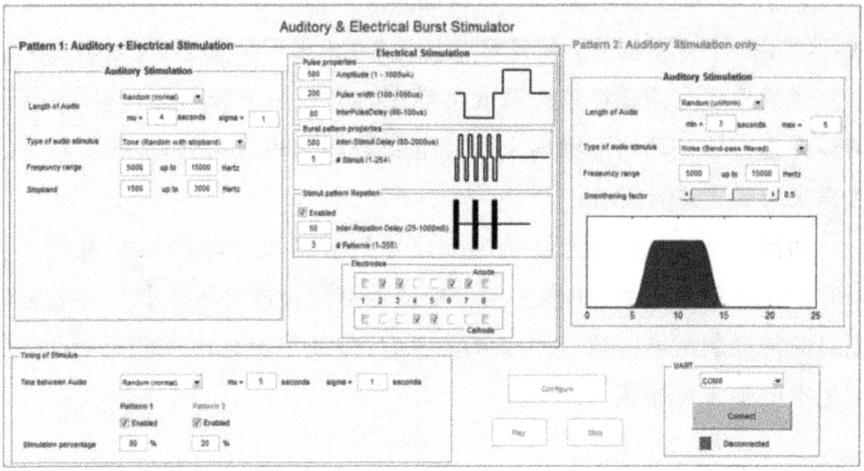

图 6.14　用于控制同步音频/电刺激系统的图形用户界面

参考文献

1. Xiang, F., Wills, J., Granacki, J., LaCoss, J., Arakelian, A., Weiland, J.: Novel charge-metering stimulus amplifier for biomimetic implantable prosthesis. IEEE International Symposium on Circuits and Systems, pp. 569–572 (2007)
2. van Dongen, M.N., Serdijn, W.A.: Design of a versatile voltage based output stage for implantable neural stimulators. IEEE First Latin American Symposium on Circuits and Systems (2010)
3. Noorsal, E., Sooksood, K., Xu, H., Hornig, R., Becker, J., Ortmanns, M.: A neural stimulator frontend with high-voltage compliance and programmable pulse shape for epiretinal implants. IEEE J. Solid-State Circuits 47(1), 244–256 (2012)
4. Sawigun, C., Ngamkham, W., van Dongen, M.N., Serdijn, W.A.: A least-voltage drop high output resistance current source for neural stimulation. IEEE Biomedical Circuits and Systems Conference (BioCAS), pp. 110–113 (2010)
5. van Dongen, M.N., Serdijn, W.A.: Design of a low power 100 dB dynamic range integrator for an implantable neural stimulator. IEEE Biomedical Circuits and Systems Conference (BioCAS), pp. 158–161 (2010)
6. Tan, M.T., Chang, J.S., Tong, Y.C.: A process-independent threshold voltage inverter-comparator for pulse width modulation applications. Proceedings of IEEE International Conference on Electronics, Circuits and Systems, vol. 3, pp. 1201–1204 (1999)
7. Site, J.J., Sarpeshkar, R.: A low-power blocking-capacitor-free charge-balanced electrode-stimulator chip with less than 6 nA DC error for 1-mA full-scale stimulation. IEEE Trans. Biomed. Circuits Syst. 1(3), 172–183 (2007)

8. Langguth, B., Kreuzer, P.M., Kleinjung, T., Ridder, D. De: Tinnitus: causes and clinical management. Lancet Neurol. **12**(9), 920–930 (2013)

9. Schecklmann, M., Vielsmeier, V., Steffens, T., Landgrebe, M., Langguth, B., Kleinjung, T.: Relationship between audiometric slope and tinnitus pitch in tinnitus patients: insights into the mechanisms of tinnitus generation. PLoS One **7**(4) (2012)

10. Norea, A.J., Eggermont, J.J.: Enriched acoustic environment after noise trauma reduces hearing loss and prevents cortical map reorganization. J. Neurosci. **25**(3), 699–705 (2005)

11. Vanneste, S., van Dongen, M.N., De Vree, B., Hiseni, S., van der Velden, E., Strydis, C., Joos, K., Norena, A., Serdijn, W.A., De Ridder, D.: Does enriched acoustic environment in humans abolish chronic tinnitus clinically and electrophysiologically? A double blind placebo controlled study. Hear. Res. **296**, 141–148 (2013)

12. Knutson, B., Cooper, J.C.: Functional magnetic resonance imaging of reward prediction. Curr. Opin. Neurol. **18**(4), 411–417 (2005)

13. Matsumoto, M., Hikosaka, O.: Lateral habenula as a source of negative reward signals in dopamine neurons. Nature **447**, 1111–1115 (2007)

14. De Ridder, D., Vanneste, S., Loo, E., van der Plazier, M., Menovsky, T., van de Heyning, P.: Burst stimulation of the auditory cortex: a new form of neurostimulation for noise-like tinnitus suppression. Br. J. Neurosurg. **112**(6), 1289–1294 (2010)

第 7 章

开关模式的高频刺激器设计

097 **摘要** 本章介绍的神经刺激器系统采用了与经典恒定电流刺激不同的方式刺激神经组织。它使用如第 4 章所述的开关模式占空比刺激概念:刺激脉冲由频率为 1MHz 的注入电流脉冲序列组成,其占空比用于控制刺激强度。

可植入神经刺激器对功率消耗、安全性和系统尺寸都予以了严格的要求。为了限制其尺寸并且提高设备的安全性,外部组件的数量应该保持最小,同时,应最大程度地提高功率效率以限制其电池的尺寸。

此外,有越来越多的研究趋势倾向于增加刺激通道。一些应用,如人工耳蜗[1]或视网膜植入物[2-4],它们需要大量的通道来适应大的刺激部位。其他的应用,如脑深部电刺激(DBS)或外周神经刺激(PNS)[5],也利用多通道来实现电流转向[6,7],并具有更小的副作用以达到局部神经元募集的目的。

为了精确控制在刺激周期期间的电荷量,通常情况下优选基于电流源的刺激。一个典型的基于电流源刺激器的高级系统架构如图 7.1(a)所示:使用功率高效的开关电压转换器(这里称为动态电源)控制 V_{dd} 以提供电流源[8,9]产生刺激电流 I_{stim}。可以看出,该系统至少使用两个外部元件(电感器 L 和输出电容器 C)。而且如将要提到的,当系统在多通道模式下工作时,其功率效率会下降。

在本章中,讨论了使用动态电源直接刺激组织的方案[10],如图 7.1
(b)所示。由于省略了输出电容,因此只需要一个外部元件。该电容器的
省略导致了一个根本上不同的刺激原理:L 通过负载重复地放电。通过
负载的刺激波形由一系列高频电流脉冲组成,每个脉冲包含明确定义的
电荷量。

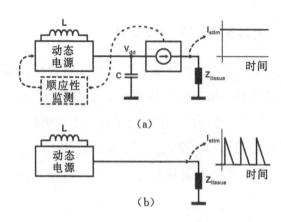

图 7.1　高级系统结构。(a)使用自适应电源的典型(恒定)电流刺激器系
　　　　统;(b)本文所提出的使用高频动态刺激器

本文提出的系统特别适合运行多通道模式。电感器可以以交替的方
式通过具有定制刺激强度的不同电极进行放电,这使得在多个电极上同
时且独立进行刺激成为了可能,并且不需要额外的外部元件。所提出系
统的优点是:当它运行在多通道模式时,与现有基于电流源刺激器的技术
不同,其功率效率几乎不降级。

本章安排如下:在 7.1 节分析了经典自适应电源恒定电流刺激的功
率效率,并说明了高频动态刺激是如何提高效率的。7.2 节讨论了系统
设计,强调了实现独立多通道运行的数字控制。7.3 节随后详细讨论了

一些系统模块的电路设计。最后，在 7.4 节展示了原型 IC 下实现的测量结果，将所提出系统与基于现有技术的电流源刺激器系统的功率效率进行了比较。

7.1　高频动态刺激

7.1.1　基于电流源刺激器的功率效率

基于电流源刺激器的功率效率通常受限于电流驱动器上的电压下降。因此，一个提高功率效率的常用方法是使用顺应性监测来使电源适应负载电压变化[2,11]。图 7.2(a)中描绘了常用的双相恒定电流刺激器设置，负载建模为电阻 R_{load} 和电容 C_{load}[12]。刺激期间，在 R_{load} 上存在恒定的电压降 $V_R = I_{\text{stim}} R_{\text{load}}$，而电容朝着电压 $V_C = I_{\text{stim}} t_{\text{stim}} / C_{\text{load}}$ 充电。

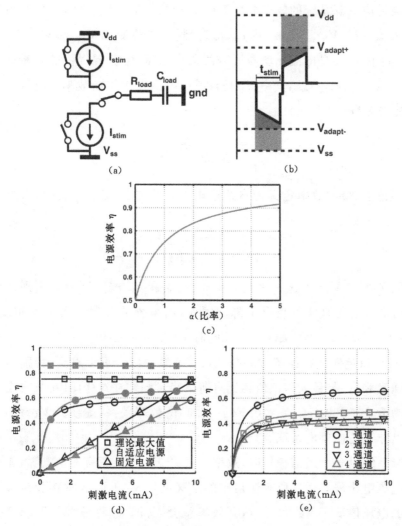

图 7.2　具有自适应电源的恒流源刺激器的功率效率分析。(a)描绘了常用的双相刺激器；
　　　　(b)可以看到由自适应电源激励器(深灰色)和固定电源激励器(浅灰色)引起的损
　　　　耗；(c)理论上最大功率效率被描绘为函数 $\alpha = V_R / V_C$；(d)和(e)为实际系统的功率
　　　　效率，(d)中黑线对应 $R_{load} = 500\Omega$，$C_{load} = 10\mu F$，$t_{stim} = 200\mu m (\alpha = 1)$ 的负载，灰线对
　　　　应 $R_{load} = 500\Omega$，$C_{load} = 10\mu F (\alpha = 2.5)$ 的负载；(e)中可以看到当系统配置多通道
　　　　时，其效率显著下降

自适应电源系统的效率取决于比率 $\alpha = V_R/V_C$，参照图 7.2(b)，负载消耗 $E_{load} = I_{stim}V_R t_{stim} + 0.5 V_C I_{stim} t_{stim}$。假定电源变化 $V_{adapt} = V_R + V_C + V_{compl}$，其中 V_{compl} 是电流驱动器所需的最小电压，电流源提供的能量即为 $E_{supply} = \eta_{sup}^{-1} I_{stim} V_{adapt} t_{stim}$，其中 η_{sup} 是自适应电源发生器的效率。电源效率 η_{adapt} 被定义为

$$\eta_{adapt} = \frac{E_{load}}{E_{supply}} = \frac{\eta_{sup} V_C (0.5+\alpha)}{V_C(1+\alpha) + V_{compl}} \tag{7.1}$$

理论上，最大效率定义为自适应电源发生器的效率 $\eta_{sup} = 1$，且电流源 $V_{compl} = 0$ 时：

$$\eta_{adapt,ideal} = \frac{0.5+\alpha}{1+\alpha} \tag{7.2}$$

图 7.2(c) 画出了这一关系。由于 V_{compl} 和 η_{sup} 的实际值达不到理论值，因此，η_{adapt} 的真实值也会下降。例如，当系统的负载为 $R_{load} = 500\Omega$，$C_{load} = 1\mu F$ 和 $t_{stim} = 200\mu A (\alpha=1)$，此时 $V_{compl} = 300mV$[2]，$\eta_{sup} = 80\%$[11]。图 7.2(d) 黑色实线描绘了效率与 I_{stim} 的关系曲线。可以看到，特别是对于低强度刺激，与最大理论值相比有所下降。同样在这张图中，灰线表示负载为 $R_{load} = 500\Omega$，$C_{load} = 10\mu F (\alpha=2.5)$ 的效率关系，虚线为 $V_{dd} = 10V$ 的典型非自适应供电系统。

当系统以多个通道操作时，效率甚至更低。由于只有一个电源，那么这个电源电压需要适应所有通道中的最高电压 $V_R + V_C$。意味着当其他通道的电压值低于 $V_R + V_C$ 时，其效率就会下降。这种效率的下降可以归于两个原因。第一个原因是阻抗的变化[13]：个别 DBS 患者的报告中，其扩散阻抗标准误差的临床值相差高达 500Ω（均值为 1200Ω）[14]。第二个因素是刺激强度的变化，这在电流转向应用中是常见的。

例如，考虑阻抗变化对多通道运行效率的影响。多个负载同时刺激在 $t_{stim} = 200\mu A$。通道 1 负载为 $R_{load} = 500\Omega$ 和 $C_{dl,1} = 10\mu F$，通道 2 负载

为 $R_{load,2}$ 和 $C_{dl,2} = 10\mu F$。正如从图 7.2(e)中可以看出,由于通道 2 效率的降低,该双通道操作模式的功率效率从 65% 下降到了 50%。甚至,4个通道负载为 $R_{load,n}$ 同时刺激时,其效率进一步下降到 40%。对于刺激电流的变化可以发现相似的效果。

7.1.2　高频动态刺激

通过使用动态电源直接驱动负载来引入对 α 不太敏感的系统[15],如图 7.3(a)所示。动态电源的输出电压直接连接到负载,这意味着功率效率不依赖于 α,而是依赖于开关电源的效率。

该系统至少使用了两个外部组件:用于动态电源供应的电感器 L 和用于对开关输出信号进行滤波的电容器 C_{out}。如需要独立和同时控制多个通道,该系统不能很好地被测量。由于 C_{out} 的滤波特性,因此它不能单独地控制多个通道的电压。此外,刺激是电压控制,这意味着不是直接控制电荷的。

如在参考文献[16]中概述的,建议从系统中移除 C_{out},如图 7.3(b)所示。占空比周期信号用于对电感进行充电,然后通过负载使电感放电,如图 7.4(a)所示。在第 4 章中,说明了这种高频脉动刺激模式能够诱导有效的神经元募集,并且体外的测量已经确认了实际上脉动的高频刺激脉冲将导致神经元募集。

在图 7.3(b)中,阐述了所提出的系统能够以多通道模式运行,而不需要复制动态电源或电感器。两个通道的工作原理如图 7.4(b)所示。高频脉冲以交替方式传送到两个通道。尽管事实上它将需要两倍的时间来向两个负载递送相同量的电荷,两个通道将被同时激活。在图 7.4(b)中还可以注意到,如果动态电源工作在非连续模式下,可以通过单独调整每个通道的占空比以实现不同幅度分别刺激两个通道。

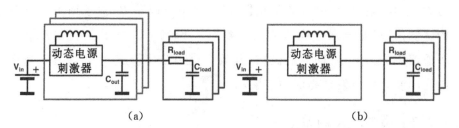

(a)   (b)

图 7.3　基于动态电源的刺激器的系统设置。(a)为参考文献[15]中的系统架构；(b)为本文所提的系统架构。除去了输出电容 C_{out} 且仅使用单个动态电源即达到了多通道刺激的有效性

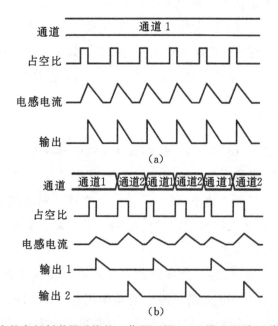

图 7.4　本文提出的高频刺激器系统的工作原理图。(a)描述了单通道运行；(b)描述了双通道同时运行，其中刺激脉冲以交替方式发送到负载

　　注意，神经元募集取决于注入的电荷量(如强度-时间曲线[17]所述)。这意味着，尽管当两个通道同时运行，平均刺激电流将会减半，但是传送到负载的电荷量与单通道操作相比还是保持相同的。

　　本文所提出的动态电源刺激器的功率效率在理想情况下，既不取决于 α 也不取决于同时被激活的独立通道的数量，而是取决于动态刺激器本身的功率效率。在下一节中将讨论高频动态刺激器的系统设计。

7.2　系统设计

7.2.1　高频动态刺激器的要求

　　假定系统的输入为通常用于可植入系统中的锂离子电池，其标称电压在 $V_{in}=3.5V$ 附近。该系统设计为连接到用于脑深部和周围神经刺激的电极导线。使用由圣犹达医疗制造的环形铂电极，它具有大约 $14mm^2$ 的面积，并且为此假定 $100\Omega<R_{load}<1k\Omega$。当然，这些电极的选择不是根本的：系统也可以被设计为与其他类型的电极一起运行。

　　据报道，商业刺激器中这种类型电极的刺激幅度高达 $10mA$[18,19]。意味着 $V_{out}=I_{stim}R_{load}$ 在 R_{load} 的整个范围上需要相对于 V_{in} 进行升压、降压转换，这也就意味着动态刺激器需要有降压-升压的拓扑结构。为了避免使衬底偏置复杂化的负输出电压，使用正向降压-升压拓扑，并将其作为总系统的一部分展示在图 7.5 中。

　　动态电源的开关频率决定了脉冲宽度的分辨率。当 N 个通道有效时，每个通道的脉冲宽度可以以 N/f_{sw} 秒的步长进行控制，其中 f_{sw} 是开关频率。如当选择 $f_{sw}=1MHz$，所有 8 个通道都有效时，最大步长为 $8\mu s$。 103

7.2.2　通用系统架构

　　刺激器的系统设计如图 7.5 所示。正向降压转换器连接到 2×16 个开关，使用户可以为每个刺激通道的电极选择阳极和阴极。数字控制块产生使刺激器工作的所有必要的控制信号。具有 8 个通道的独立刺激参数，例如振幅、脉冲宽度、频率和使用的电极。每个通道可以通过 SPI 接口单独配置和控制。 104

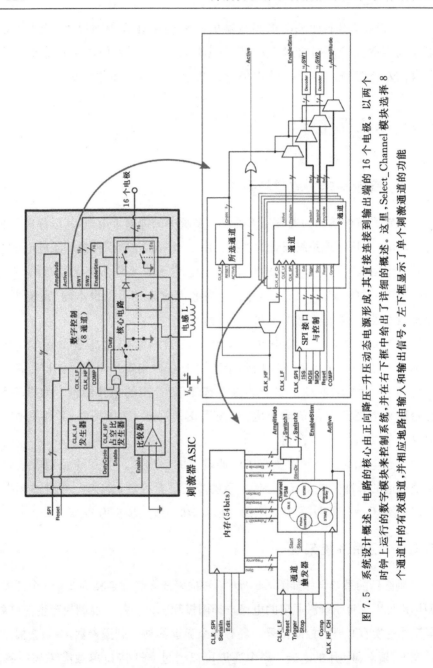

图 7.5　系统设计概述。电路的核心由正向降压-升压动态电源形成，其直接连接到输出端的 16 个电极。以两个时钟上运行的数字模块来控制系统，并在左下框中给出了详细的概述。这里，Select_Channel 模块选择 8 个通道中的有效通道，并相应地将电路由输入和输出信号。左下框显示了单个刺激通道的功能

控制块使用两个时钟。$f_{clk\_lf}=1kHz$ 的低频时钟信号 CLK_LF 总是有效,用于触发刺激模式。$f_{clk\_hf}=f_{sw}=1MHz$ 的高频时钟 CLK_HF 用于控制核心电路,并且仅在一个或多个刺激通道激活时有效。信号 DUTY 是控制核心电路的 CLK_HF 的占空比,其占空比由 6 位 AMPLITUDE 信号设置。

比较器用于电荷消除。在刺激周期完成后,测量电极上的剩余电压,并使用脉冲插入[20]使电荷从界面移除。脉冲插入很容易结合在系统中,因为刺激波形已经是脉冲形状。

通过在第一刺激相之后反转信号 SW_1 和 SW_2,使得通过电极的电流的方向也反转(H 桥配置[9])来产生双相刺激脉冲。

注意,多个通道是可以共享相同的电极,这使得系统适合于许多电极配置,例如单个、双个或三个电极以及场转向技术所需的更复杂的方案。为了在基于传统电流源的刺激器中实现这种灵活性,8 个电流源和 16 个电极之间需要 $8×16×2=256$ 个开关。因此,这种系统结构将所需的开关数量减少了 8 倍(即,通道的数目)。

7.2.3　数字控制设计

在图 7.5 的左下角,描述了负责控制一个刺激通道模块的简化结构。54 位的存储器用于存储刺激设置。当 EDIT 引脚使能时,通过串口加载存储器。

Channel_FSM 是在 CLK_HF 上运行的有限状态机(FSM),其实现了刺激脉冲的基本功能,如图 7.6 所示。在接收到触发脉冲之后,FSM 循环通过双相刺激方案的各阶段,通过对存储器的 CLK_HF 周期的数目进行计数,来获得脉冲持续时间和脉冲间延迟。之后,以脉冲插入实现了电荷平衡。当 FSM 不处于空闲状态时,输出信号 ACTIVE 被使能,说明通道正工作在刺激周期中。EnableStim 信号用于在刺激和电荷消除相期间使能 DUTY 信号。

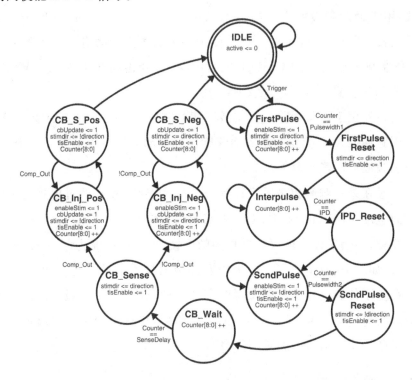

图 7.6　Channel_FSM 模块的 FSM。当触发时,循环通过由阳极脉冲、脉冲间
期、阴极脉冲和最后电荷平衡相(CB)组成的刺激周期。CB_wait 状态
实现了电极-组织界面平衡到脉冲注入反馈机制(CB_sense)开始之前
的延迟时间。根据 comp_out 的值(图 7.5 中比较器的输出),脉冲以
正确的方向插入。重复该过程,直到比较器切换(这意味着该电极电
压再次为零)

　　在接收到触发或停止命令之后,Channel_Trigger 模块能够以两种不
同的方式开始或停止 Channel_FSM 模块中的刺激周期。当存储在存储
器中的频率等于零时,通道以"单次发送"模式操作:由 SPI 命令触发,生
成单个刺激序列。当频率不为零时,通道以强直刺激模式工作:用 CLK_

LF 通过对由频率值指定的周期数进行计数,以此周期性地触发刺激周期。此外,可以通过在存储器中设置 SYNC 值来对准多个通道:在触发刺激时,延迟一定的周期数,其个数等于 SYNC 中的值的 CLK_LF。以这种方式,仅用一个命令就可以准确地顺序触发多个通道。

在图 7.5 的右下框中,给出了刺激器完整数字控制系统的简化概述。核心是 8 个通道。Select_channel 模块是一个 FSM,它跟踪哪些通道当前处于激活状态。使用多路复用器/解复用器,输入和输出被路由到激活通道或从激活通道脱离出来。如果多个通道同时激活,则 Select_channel 模块在激活的通道之间交替。

SPI 接口和控制块与外界形成接口。系统可以使用表 7.1 所示的命令进行配置。Edit Channel 命令后跟一个 3 位字来选择通道,随后发送一个包含要存储在通道存储器中的数据的 42 位字(54 位通道存储器中的某些最低有效位有自己的默认值)。触发和停止单通道命令后面还有一个 3 位代码,用于选择要触发或停止的通道。全局触发和停止命令后不跟随更多位,因为它们同时影响所有通道。

表 7.1　通过 SPI 接口对系统进行编程的命令

命令	代码
编辑通道	001
触发单通道	010
停止单通道	011
全部触发	100
全部停止	101

7.3 电路设计

7.3.1 动态刺激器

图 7.5 中的正向降压-升压拓扑如图 7.7 所示。晶体管 M_1, M_2 和 M_3 形成动态电源开关，M_4 和 M_5 是连接电极的开关。肖特基二极管 D_1 用于避免负载中的振荡，而 D_2 和开关 M_6 用于避免电感器中的振荡。晶体管的所有栅极由包括具有适当电压的电平转换器的驱动器驱动。

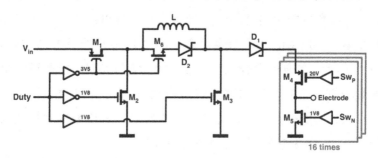

图 7.7　正向降压-升压动态电源的电路实现

7.3.1.1 电感选择

通过在间期 $\delta T(\delta$ 为占空比，$T=1/f_{sw})$ 期间使用电感器充电电流的一阶泰勒近似，电感器中的峰值电流 $I_{peak}=V_{in}\delta T/L$，电感器中的能量为 $E_L=0.5V_{in}^2\delta^2 T^2/L$。理想情况下，所有这些能量都传递到负载，导致平均电流 $I_{avg}=\sqrt{E/L(R_{load}T)}$。通过组合这些方程，找到比率 $H=I_{avg}/I_{peak}$ 的表达式：

$$H=\frac{I_{avg}}{I_{peak}}=\sqrt{\frac{L}{2TR}}\rightarrow L=2RT\frac{I_{avg}^2}{I_{peak}^2} \tag{7.3}$$

为避免高的 I_{peak} 值,该比率不应当太小。因此,对于给定的最小值 H 可以确定 L 的最小值。

电感的最大值是由一个事实,即系统被要求以非连续模式运行而确定的。对于给定的最大占空比 $\delta_{max}=0.5$,电感器需要在 $1-\delta_{max}$ 时间范围内放电。在放电期间,系统可以被认为是由电感器 L、负载 R_{load} 以及连接在负载和 gnd 之间的寄生电容 C 组成的 RLC 并联电路。由于键合焊盘、ESD 保护、封装引脚和其他寄生效应引起的电容上限的影响,选择 $C=5pF$ 较为合理。

传统的动态电源使用输出电容器 $C_{out} \gg C$,其通常将导致并联 RLC 电路欠阻尼。没有 C_{out},这个二阶电路很可能被过阻尼(这适用于 $\zeta = \sqrt{T/(2RC)}H > 1$)。系统的响应是:$V_{out}=A\exp(s_1 t)+B\exp(s_2 t)$。实值的时间常数为 $-s_1^{-1}$,$-s_2^{-1}$ 确定响应衰减的速度。取最大的时间常数 $\tau = \max(-s_1^{-1}, -s_2^{-1})$,它被选择为 $(1-\delta_{max}) > 2\tau$。以 L 计算 τ:

$$L < -\frac{RT^2(\delta_{max}-1)^2}{T\delta_{max}-T+2RC} \tag{7.4}$$

对于最大和最小负载条件,图 7.8 分别绘制了方程式(7.3)和(7.4)。基于该图,选择 $L=22\mu H$,其中在 R_{load} 的整个范围上 $0.105 < H < 0.33$。

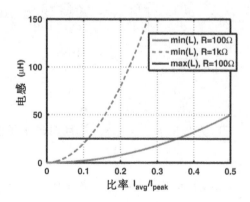

图 7.8 作为 $H=I_{avg}/I_{peak}$ 的函数,不同负载条件下 L 的最大值和最小值

7.3.1.2　传导和开关损耗

108　　　　晶体管 M_1-M_5 的尺寸对于在传导损耗和开关损耗之间找到折衷方案是很重要的。为了分析包括传导损耗和开关损耗系统的响应,分析如图7.9所示的电路,包括最主要的寄生元件。在充电阶段,S_2 和 S_4 打开并且可以从电路中移除。使用基尔霍夫电流定律(KCL)获得以下等式:

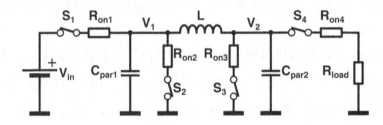

图7.9　正向降压-升压转换器电路,包括传导(R_{on})和开关(C_{par})损耗

$$\frac{v_1 - V_{dd}}{R_{on1}} + C_{par1}\frac{\mathrm{d}v_1}{\mathrm{d}t} + \frac{1}{L}\int (v_1 - v_2)\,\mathrm{d}t = 0 \tag{7.5a}$$

$$\frac{v_2}{R_{on2}} + C_{par2}\frac{\mathrm{d}v_2}{\mathrm{d}t} + \frac{1}{L}\int (v_2 - v_1)\,\mathrm{d}t = 0 \tag{7.5b}$$

通过将式(7.5b)代入(7.5a),可以得到以下三阶微分方程:

$$LC_{par1}C_{par2}\frac{\mathrm{d}^3 v_2}{\mathrm{d}t_3} + \left[\frac{LC_{par2}}{R_{on1}} + \frac{LC_{par1}}{R_{on2}}\right]\frac{\mathrm{d}^2 v_2}{\mathrm{d}t^2} +$$

$$\left[\frac{L}{R_{on1}R_{on2}} + C_{par1} + C_{par2}\right]\frac{\mathrm{d}v_2}{\mathrm{d}t} +$$

$$\left[\frac{1}{R_{on1}} + \frac{1}{R_{on2}}\right]v_2 = \frac{V_{dd}}{R_{on1}} \tag{7.6}$$

可以找到特征三次方程的根 s_1, s_2, s_3,并且通过求解特定解,获得以下 $v_2(t)$ 的形式:

$$v_2(t) = \mathrm{Re}\left\{K_1\exp(s_1 t) + K_2\exp(s_2 t) + K_3\exp(s_3 t) + \frac{V_{dd}R_{on2}}{R_{on1}+R_{on2}}\right\}$$

$$\tag{7.7}$$

这里,通过求解用于初始条件 $v_2(0)=0\mathrm{V}, \dfrac{\mathrm{d}v_2(0)}{\mathrm{d}t}=0, \dfrac{\mathrm{d}v_2{}^2(0)}{\mathrm{d}t^2}=0$ 的等式来找到 K_1, K_2 和 K_3,假设在新的刺激循环开始时,在动态元件中没有剩余能量:

$$K_1 = \frac{-Z s_2 s_3}{(s_1-s_2)(s_1-s_3)} \tag{7.8a}$$

$$K_2 = \frac{-Z s_1 s_3}{(s_1-s_2)(s_2-s_3)} \tag{7.8b}$$

$$K_3 = \frac{-Z s_1 s_2}{s_1 s_2 - s_1 s_3 - s_2 s_3 + s_3^2} \tag{7.8c}$$

这里,$Z = \dfrac{V_{dd} R_{on2}}{R_{on1}+R_{on2}}$。类似的方法可以用于在放电阶段期间求解电路。现在 S_1 和 S_3 打开,可以从电路中删除。再次通过使用 KCL 并通过使用替换,可以找到以下微分方程:

$$LC_{par1}C_{par2}\frac{\mathrm{d}^3 v_2}{\mathrm{d}t_3} + \left[\frac{LC_{par2}}{R_{on3}}+\frac{LC_{par1}}{(R+R_{on4})}\right]\frac{\mathrm{d}^2 v_2}{\mathrm{d}t^2} + \tag{7.9}$$

$$\left[\frac{L}{R_{on3}(R+R_{on4})}+C_{par1}+C_{par2}\right]\frac{\mathrm{d}v_2}{\mathrm{d}t} + \tag{7.10}$$

$$\left[\frac{1}{R_{on3}}+\frac{1}{R+R_{on4}}\right]v_2 = 0 \tag{7.11}$$

再次求解该方程的根 s_1, s_2 和 s_3 得到以下表达式:

$$v_2(t) = \mathrm{Re}\{K_1 \exp(s_1 t)+K_2 \exp(s_2 t)+K_3 \exp(s_3 t)\} \tag{7.12a}$$

$$K_1 = \frac{Z-Y s_2 - Y s_3 + X s_2 s_3}{(s_1-s_2)(s_1-s_3)} \tag{7.12b}$$

$$K_2 = \frac{-(Z-Y s_1 - Y s_3 + X s_1 s_3)}{(s_1-s_2)(s_2-s_3)} \tag{7.12c}$$

$$K_3 = \frac{Z-Y s_1 - Y s_2 + X s_1 s_2}{s_1 s_2 - s_1 s_3 - s_2 s_3 + s_3^2} \tag{7.12d}$$

定义以下常量:$X=v_2(0), Y=\dfrac{\mathrm{d}y_2{}^2(0)}{\mathrm{d}t^2}=C_{par2}{}^{-1}\left(\dfrac{I_L(0)-V_2(0)}{R_{on4}+R}\right.$,

$Z = \dfrac{\mathrm{d}v_2{}^2}{\mathrm{d}t^2} = (LC_{\mathrm{par2}})^{-1}(V_1(0) - V_2(0) - \dfrac{LY}{R_{\mathrm{on4}} + R})$，所有这些都由初始条件

$v_1(0)$，$I_L(0)$ 和 $v_2(0)$ 确定，并且由充电阶段结束时的相应值设置。使用表达式 $v_2(t)$，表达式 $I_L(t)$ 和 $v_1(t)$。

110 　　在充电阶段期间电源递送的能量的表达式为：$E_s = \displaystyle\int V_{\mathrm{in}}(V_{\mathrm{in}} - v_1(t)/R_{\mathrm{on1}}\,\mathrm{d}t)$。在放电阶段期间在源中耗散的能量为 $E_l = \displaystyle\int v_2{}^2(t)R/(R + R_{\mathrm{on4}})^2\,\mathrm{d}t$。总功率效率现在计算为 $\eta_{\mathrm{total}} = E_l/E_s$。

　　R_{on} 和 C_{par} 的值可以通过基于其尺寸的特定晶体管寄生元件函数找到。再次假定键合焊盘、ESD 电路和封装引脚为 C_{par} 增加了额外的 5pF。通过迭代地评估各种晶体管尺寸的等式，在传导损耗和开关损耗之间找到折衷。对于所选晶体管尺寸（见表 7.2），各种负载的计算效率作为占空比的函数如图 7.10 所示。

表 7.2　图 7.7 电路中的晶体管尺寸

晶体管	尺寸（宽/长）
M_1	$4800\mu\mathrm{m}/600\mathrm{nm}$
M_2	$1440\mu\mathrm{m}/200\mathrm{nm}$
M_3	$1680\mu\mathrm{m}/200\mathrm{nm}$
M_4	$1000\mu\mathrm{m}/600\mathrm{nm}$
M_5	$640\mu\mathrm{m}/200\mathrm{nm}$

　　使用获得的晶体管尺寸，仿真来自图 7.7 的电路，包括栅极驱动器和电平转换器电路。包括基于实际电感器（具有串联电阻 $R_s = 70\mathrm{m}\Omega$ 和并联电容 $C_p = 3.75\mathrm{pF}$ 的电感器 $E_{\mathrm{pcos}} = 22\mu\mathrm{H}$）的损耗的电感器模型。仿真结果也显示在图 7.10 中。由于三种效应的存在，效率相对于计算值降低。首先，各种部件的实现，例如驱动器和电感器引入功率损耗。其次，二极管 D_1 上的压降在前面的计算中没有考虑。第三，晶体管 M_4 的 V_{gs} 取

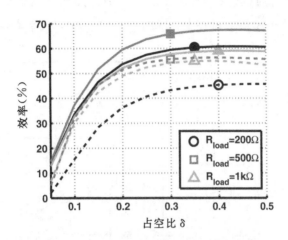

图 7.10　动态刺激器电路的计算（实线）和仿真（虚线）功率效率。仿真包括由于导
　　　　通、开关、栅极驱动器、键合焊盘和非理想电感器的损耗

决于输出电压，因为栅极连接到 gnd（它不是自举型的）。对于低输出电压（对应于低 R_{load} 和/或低 δ），第二和第三种效应占据主导地位。

7.3.2　时钟和占空比发生器

时钟信号 CLK_LF,CLK_HF 和 DUTY 都是使用图 7.11 所示的驰豫振荡器产生的。该电路使用阈值补偿反相器[21] 来实现在[22] 中介绍的施密特触发器。

偏置电流 I_{bias} 用于通过使用 SW$_1$ 使能右侧传输门来对电容器 C_1 充电。一旦 V_{cap} 达到施密特触发器的第一阈值，SW$_1$ 断开并且 SW$_2$ 闭合，这使得通过 C_1 的电流方向经由电流镜 M$_1$ - M$_2$ 反转。C_1 的电压再次降低，达到施密特触发器的第二阈值，这使得 SW$_1$ 和 SW$_2$ 返回到它们的初始状态，完成时钟周期。

阈值补偿反相器在图 7.11 的框中突出显示。M$_3$ 和 M$_4$ 构成反相器，其阈值电压通过使用 V_{th} 信号偏置 M$_7$ 和 M$_8$ 来设置。M$_5$ 和 M$_6$ 是 M$_3$ 和

111

M_4 的复制，并且通过包括 M_9 和 M_{10} 的反馈回路产生所需的偏置。施密特触发器的两个阈值通过在 $V_{th,l}$ 和 $V_{th,h}$ 之间切换 V_{th} 来实现，如图所示。

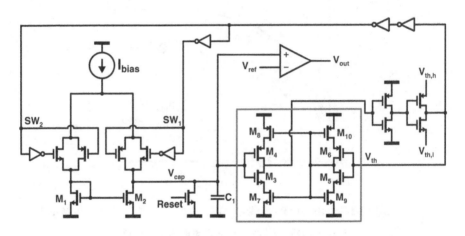

图 7.11 用于产生(占空比周期)时钟信号的张弛振荡器电路。该电路使用施密特触发器，以灰色框中突出显示的阈值补偿反相器实现。比较器用于产生 CLK_HF 和 DUTY 信号

以两种机制减小通过分支 $M_{10} - M_6 - M_5 - M_9$ 的静态电流消耗[22]。首先，V_{th} 被选择为接近 V_{dd} 或 gnd，其分别关断 M_9 或 M_{10}，这导致 V_{cap} 的振幅变大。其次，M_9 和 M_{10} 的长度可以增加，这导致由于 M_7 和 M_8 的失配而产生的 V_{th} 变得非常小。

CLK_LF 发生器使用 SW_1 信号来获得输出信号 CLK_LF。该模块的偏置电流为 10nA，平均仿真功耗(包括 $V_{th,l}$ 和 $V_{th,h}$ 基准)为 $1.33\mu W$。

1MHz 占空比周期发生器以 V_{cap} 的三角波形，通过使用如图 7.11 所示的比较器产生占空比周期信号。V_{ref} 的值使用如图 7.12 中所示的标准 $R\text{-}2R$ 结构($R\approx 15k\Omega$)数模转换器(DAC)来设置。可以看出，CLK_HF 信号也从 V_{cap} 导出，以便确保 DUTY 对准 CLK_HF。

在 DAC 范围内，整个占空比发生器的平均功率消耗仿真为 $176.2\mu W$。注意，该模块仅在刺激期间是工作的，因此实际情况下的平均

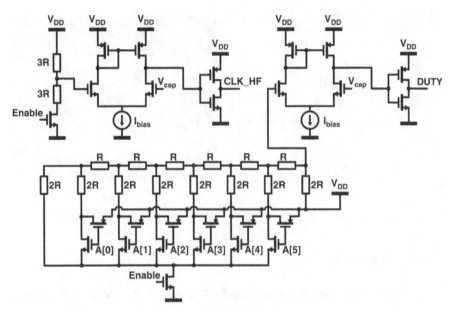

图 7.12 用于产生 CLK_HF 和 DUTY 输出的高频发生器的 DAC 和比较器设计。
信号 V_{cap} 连接到图 7.11 的相同信号

功率消耗将会低得多。

7.4 实验结果

整个系统已用 $0.18\mu m$ AMS H18 高压工艺实现。数字控制系统通过综合 Verilog 描述实现,占用 $0.25mm^2$。由于焊盘的限制总芯片的面积为 $3.36mm^2$,在图 7.13(a)中突出显示了各种功能模块的布局。芯片的显微照片如图 7.13(b)所示。

除了 V_{in} 之外,系统还需要两个电源电压。数字内核的电源电压以及时钟发生器模块的电压为 $V_{dd,d}=1.8V$。图 7.7 中的 M_4 的驱动器需要 $V_{dd,h}=20V$。用于降压-升压系统的电感器是 EPCOS B82464G4223M。

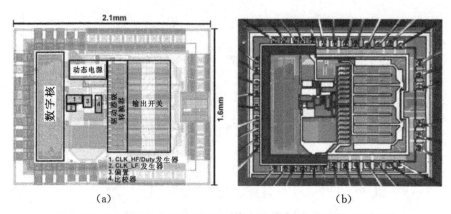

图 7.13 　(a)中突出显示功能模块布局；(b)中示出了 IC 的显微照片

7.4.1　电源效率

该降压-升压转换器系统的功率效率由各种负载和刺激强度来确定。该系统首先被配置成在一个方向上连续地刺激电阻负载。在图 7.14 中给出了在该配置中测量的波形的示例。

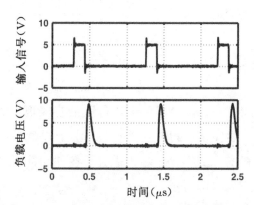

图 7.14 　测量结果，显示功率效率测量期间系统的瞬态运行。用于该测量的设置是 $V_{in}=3.5V,\delta=0.15$ 和 $R_{load}=1k\Omega$

使用吉时利 6430 电源计测量由电压源提供的平均功率。使用泰克

TDS2014C 示波器捕获负载上的瞬态电压 V_{out}，并使用 Matlab 计算 $T^{-1}\int V_{\text{out}}^{2}/R_{\text{load}}\mathrm{d}t$ 确定平均功率。

动态转换器的测量功率效率（包括栅极驱动器中的损耗）如图 7.15 (a)所示。可以看出，测量结果与模拟结果非常一致。对于高 δ 和高 R_{load}，效率下降，因为输出电压削波到电源电压 $V_{\text{dd, h}}$。

图 7.15(b)中，在 $R_{\text{load}}=500\Omega$ 情况下改变 V_{in} 以测量动态刺激器的功率效率。可以看出，系统的功率效率持续相对较高，尽管对于较低的 V_{in} 而言可用输出功率还是减小了。

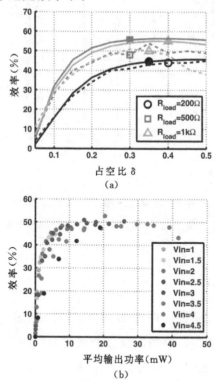

图 7.15　测量结果显示了动态刺激器对各种负载和占空比的功率效率。在(a)中，虚线是测量结果，实线是仿真结果。在(b)中，针对不同 V_{in} 的值绘制的 500Ω 负载的功率效率（见彩色插图）

7.4.2 双相刺激脉冲

114 　　首先，单个通道被配置为具有 $\delta = 0.17$ 的双相刺激波形。脉冲宽度为 $200\mu s$，重复频率为 $3.92Hz$。负载使用 $R_{load} = 560\Omega$ 和 $C_{dl} = 1\mu F$ 建模。

　　结果波形如图 7.16(a) 所示。双相刺激的波形具有期望的形状，并且在图 7.16(b) 中，第一刺激相位的开始处给出刺激波形的细节。在两相刺激脉冲完成之后，使用脉冲插入来从中移除剩余电荷 C_{dl}。

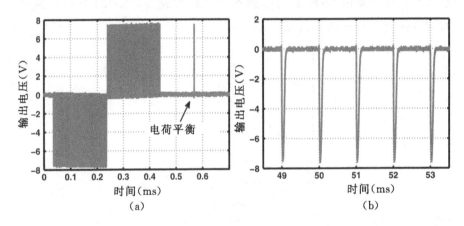

图 7.16　在 R_{load} 和 $C_{dl} = 1\mu F$ 的负载上使用 $t_{stim} = 200\mu s$ 和 $\delta = 0.17$ 测量的双相刺激波形。(b)中提供了(a)的细节并显示了单个脉冲的形状

7.4.3 多通道运行

115 　　在图 7.17(a) 中，通过同时激活四个通道来展示多通道运行。在第一个 $500\mu s$ 期间，SPI 接口单独加载每个通道的刺激设置，随后给出单个"全部触发"命令。通道 1 立即开始工作(sync ＝ 0)，通道 2 和 3 在 1ms 后开始(sync ＝ 1)，通道 4 在 2ms 后开始(sync ＝ 2)。

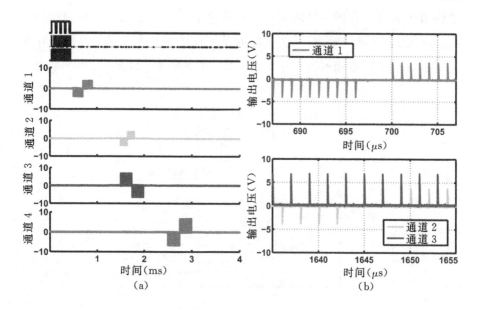

图 7.17　系统多通道运行的测量结果。在(a)中展示了 $t<0.5$ms 的 SPI 的编程阶段,随后
显示了 4 个独立通道的运行。在(b)中给出了通道 1 与通道 2 和 3 的细节

图 7.17(b)中的详细曲线显示了同时多通道按照预期方式运行:当
两个通道同时有效时,脉冲在每个通道中交替注入。此外,可以看出,可
以以相反的极性、不同的脉冲宽度和振幅同时激励两个通道。

将多通道模式下系统的功率效率与具有自适应电源电压的恒定电流
源进行比较。系统的第一通道通过 $R_{load}=500\Omega$ 的负载,具有 $\delta=0.4$ 的
双相刺激脉冲。根据负载中测量的平均功率,对应于平均 $I_{stim}=6.9$mA。
其他通道的 $R_{load}=200\Omega$。这种程度的阻抗变化可以由包裹组织厚度的
变化引起[13],并且在临床设置中并不罕见[23]。对于每个通道,使用相同
的平均 I_{stim},对应于 $\delta=0.15$。图 7.18 展示了在该配置中所提出的系统
的功率效率。

来自第 7.1.1 节的等式,即 $\eta_{supply}=80\%$, $V_{compl}=300$mV,用于确定在

这种情况下对于各种 α 值的实际的自适应电源恒定电流刺激器的功率效率。从图 7.18 可以看出，本文提出的系统在使用 2 个或多个通道工作时优于自适应电源激励器。对于低的 α 值，这种改进可以高达 200%。

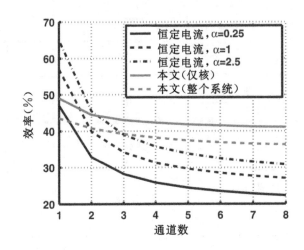

图 7.18　测量结果显示系统多通道工作的功率效率（灰线）。将这些结果与具有自适应电源的经典恒流系统（黑线）计算的低效率进行比较

7.4.4　PBS 溶液测量

测量连接到磷酸盐缓冲盐水（PBS）溶液中电极的系统响应。如前所述，面积为 $14mm^2$ 的铂环形电极浸没在 PBS 溶液浴中。对于刺激设置，选择 $\delta = 0.15$ 和 $t_{stim} = 200\mu s$。得到的电极电压如图 7.19 所示，看起来与串联 RC 模型的结果非常相似。

7.4.5　讨论

117　　　可以进一步提高系统的功率效率，特别是通过减小图 7.7 电路中 D_1 和 M_4 的损耗。这些器件可以组合在使用自举运行的单个晶体管中，将明

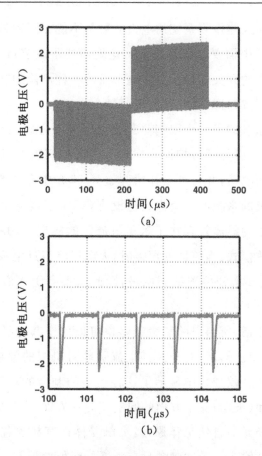

图 7.19　浸没在 PBS 溶液中的 DBS 电极测量的刺激波形。(b)中提供了(a)的细
　　　　节,可以看到单个脉冲的形状

显降低低输出电压的损耗。此外,可以通过设计更高功率效率的 DAC 拓
扑来改善占空比发生器的功率效率。

　　该系统目前仍然需要两个外部电源:一个低电压用于数字控制,一个
高电压用于 HV 开关。未来的实现可以集成所需的电压转换器。从
$V_{dd,h}$ 所需的功率主要取决于刺激设置,但是通常相对较低,这使得可以
使用集成电荷泵。

以其当前形式连接到系统的电极的数量不能无限制的增加。每个附加电极在图 7.7 中需要附加开关 M_4，这就增加了该节点处的寄生电容，也增加了电路中的开关损耗。克服这一点的一种可能的方法是设计更复杂的开关阵列配置，目的是使容性负载最小化。

所设计的原型的另一个限制是其当前以开环方式运行：不存在对注入电荷量的控制，而是通过控制占空比。未来的实现可以受益于包括控制传送到负载的电荷，并且可以补偿例如 V_{in} 和 L 中变化的反馈机制。

本文所提出的系统的一个优点是没有将 V_{dd} 直接连接到电极的驱动晶体管。这种驱动晶体管存在于基于电流源的实现中，并且为器件引入了单个故障失效模式：当该器件短路时，大电流将流过电极。在所提出的系统中，V_{in} 通过多个开关连接到电极，因此这不会引入潜在的单故障失效模式。

如果可能的话，所提出的刺激策略也可以用于其他类型的可兴奋组织，例如肌肉组织。然而，对于高频电流脉冲对组织的影响，还需要更多的研究。在参考文献[24]中显示了这种类型的刺激的功效，但很少知道组织中的损耗和（长期）安全方面的问题。另一方面，有趣的是，提出的刺激原理模仿神经元的自然工作原理：突触受体连续接收整合在树突状树膜表面上的脉冲输入。脉冲刺激具有类似的峰值波形。

7.5 结论

本章介绍了神经刺激器系统的实现，该系统使用未滤波的动态电源直接刺激目标组织。可以使用连接到任意电极配置的多个独立通道来操作该系统，使得该系统非常适合于电流转向技术。此外，综合控制使用双时钟配置，允许强直刺激以及单次刺激。每个通道可以被单独配置具有定制的刺激参数，并且多个通道可以以同步方式运行。

该系统已证实是功率高效的,特别是与具有在多通道运行自适应电源的最先进技术恒定电流刺激器模式相比,已经证明效率提高高达 200％。

参考文献

1. Bonham, B.H., Litvak, L.M.: Current focusing and steering: modeling, physiology and psychophysics. Hear. Res. **242**(1–2), 141–153 (2008)
2. Noorsal, E., Sooksood, K., Xu, H., Hornig, R., Becker, J., Ortmanns, M.: A neural stimulator frontend with high-voltage compliance and programmable pulse shape for epiretinal implants. IEEE J. Solid State Circuits **47**(1), 244–256 (2012)
3. Lo, Y.K., Chen, K., Liu, W.: A fully-integrated high-compliance voltage SoC for epi-retinal and neural prostheses. IEEE Trans. Biomed. Circuits Syst. **7**(6), 761–772 (2013)
4. Chen, K., Yang, Z., Hoang, L., Weiland, J., Humayun, M., Liu, W.: An integrated 256-channel epiretinal prosthesis. IEEE J. Solid-State Circuit **45**(9), 1946–1956 (2010)
5. Veraart, C., Grill, W.M., Mortimer, T.: Selective control of muscle activation with a multipolar nerve cuff electrode. IEEE Trans. Biomed. Eng. **40**(7), 640–653 (1993)
6. Martens, H.C.F, Toader, E., Decré, M.M.J., Anderson, D.J., Vetter, R., Kipke, D.R., Bakker, K.B., Johnson, M.D., Vitek, J.K.: Spatial steering of deep brain stimulation volumes using a novel lead design. Clin. Neurophysiol. **122-3**, 558–566 (2011)
7. Valente, V., Demosthenous, A., Bayford, R.: A tripolar current-steering stimulator ASIC for field shaping in deep brain stimulation. IEEE Trans. Biomed. Circuits Syst. **6**(3), 197–207 (2012)
8. Sooksood, K., Noorsal, E., Bihr, U., Ortmanns, M.: Recent advances in power efficient output stage for high density implantable stimulators. 2012 IEEE Annual International Conference of the Engineering in Medicine and Biology Society (EMBS), pp. 855–858 (2012)
9. Williams, I., Constandinou, T.G.: An energy-efficient, dynamic voltage scaling neural stimulator for a proprioceptive prosthesis. IEEE Trans. Biomed. Circuits Syst. **7**(2), 129–139 (2013)
10. van Dongen, M.N., Serdijn, W.A.: A power-efficient multichannel neural stimulator using high-frequency pulsed excitation from an unfiltered dynamic supply. IEEE Trans. Biomed. Circuits Syst. (2014). http://ieeexplore.ieee.org/xpl/articleDetails.jsp?arnumber=6965660
11. Lee, H.N., Park, H., Ghovanloo, M.: A power-efficient wireless system with adaptive supply control for deep brain stimulation. IEEE J. Solid-State Circuits **48**(9), 2203–2216 (2012)
12. Randles, J.E.B.: Kinetics of rapid electrode reactions. Discuss. Faraday Soc. **1**, 11–19 (1947)
13. Butson, C.R., Maks, C.B., McIntyre, C.C.: Sources and effects of electrode impedance during deep brain stimulation. Clin. Neurophysiol. **117**(2), 447–454 (2006)

119

14. Cheung, T., Nuo, M., Hoffman, M., Katz, M., Kilbane, C., Alterman, R., Tagliati, M.: Longitudinal impedance variability in patients with chronically implanted DBS devices. Brain Stimul. **6**, 746–751 (2013)

15. Arfin, S.K., Sarpeshkar, R.: An energy-efficient, adiabatic electrode stimulator with inductive energy recycling and feedback current regulation. IEEE Trans. Biomed. Circuits Syst. **6**(1), 1–14 (2012)

16. van Dongen, M.N., Serdijn, W.A.: A switched-mode multichannel neural stimulator with a minimum number of external components. IEEE International Symposium on Circuits and Systems (ISCAS) (2013)

17. Malmivuo, J., Plonsey, R.: Bioelectromagnetism – Principles and Applications of Bioelectric and Biomagnetic Fields. Oxford University Press, New York (1995)

18. Kuncel, A.M., Grill, W.M.: Selection of stimulus parameters for deep brain stimulation. Clin. Neurophysiol. **115**(11), 2431–2441 (2004)

19. Slavin, K.V.: Peripheral nerve stimulation for neuropathic pain. Neurotherapeutics **5**(1), 100–106 (2008)

20. Sooksood, K, Stieglitz, T., Ortmanns, M.: An active approach for charge balancing in functional electrical stimulation. IEEE Trans. Biomed. Circuits Syst. **4**(3), 162–170 (2010)

21. Tan, M.T., Chang, J.S., Tong, Y.C.: A process-independent threshold voltage inverter-comparator for pulse width modulation applications. Proceedings of IEEE International Conference on Electronics, Circuits and Systems, vol. 3, pp. 1201–1204 (1999)

22. van Dongen, M.N., Serdijn, W.A.: Design of a low power 100 dB dynamic range integrator for an implantable neural stimulator. IEEE Biomedical Circuits and Systems Conference (BioCAS), pp. 158–161 (2010)

23. Sillay, K.A., Chen, J.C., Montgomery, E.B.: Long-term measurement of therapeutic electrode impedance in deep brain stimulation. Neuromodulation **13**(3), 195–200 (2010)

24. van Dongen, M.N., Hoebeek, F.E., Koekoek, S.K.E., De Zeeuw, C.I., Serdijn, W.A.: High frequency switched-mode stimulation can evoke postsynaptic responses in cerebellar principal neurons. Front. Neuroengineering **8**(2) (2015)

120

第 8 章

结 论

这本书采用多学科方法设计神经刺激器。以电生理学和支配功能性
电刺激工作原理的电化学原理结合电气工程方面介绍不同于传统恒定电
流/电压方法的刺激概念,在效率和/或安全方面提供优势。第 2 章的研
究表明,电刺激可以在三个不同的层次考虑:电极水平、组织水平和神经
元水平。

第 3 章从电极水平考虑神经刺激的安全性。电极上的电极-组织界
面电压应是有限的,以防止有害的电化学反应。有多种方法可以防止电
荷在界面处累积,如双相电荷平衡刺激、耦合电容器和电极短接。本章首
先探讨了耦合电容器使用的后果。发现与大多数现有的研究结果不同,
耦合电容器不改善在电极界面处的电荷平衡,而且还引入取决于刺激设
置的偏移电压,可能会达到潜在的危险水平。因此,由于其他安全原因需
要使用耦合电容器时应特别注意消除这种偏移的风险。此外,本章还探
讨了使用前馈电荷平衡的方案,其目的是通过专门平衡的电容性(可逆)
电流使刺激周期后的界面回到平衡状态。

第 4 章从神经刺激的组织和神经元水平探讨高频占空比周期刺激概
念。通过对组织材料以及轴突膜的动态特性建模发现,高频刺激信号可

以以与经典的恒电流刺激类似的方式募集神经元。分别测量了以经典和
开关模式刺激分子层导致的浦肯野细胞的响应。测量证实了建模分析结
果,开关模式的刺激可以诱导神经元的激活,并且占空比和刺激电压都是
控制刺激强度的有效方法。必须小心避免由于使用高频刺激信号引起的
系统损耗。

122　　　本书的第二部分转而探讨神经刺激器的电气实现。呈现了针对两种
不同应用的刺激器设计。

　　　　第一种刺激器设计集中在以任意波形刺激时确保电荷消除。一个准
确缩放的刺激电流副本被生成以确定刺激信号的电荷。这允许在任意波
形和非对称双相刺激的同时保持电荷消除。这对实验设置是一个有用的
功能,用户希望掌握完全自由的刺激模式。

　　　　仿真和分立元件实现都达到了取决于波形设置的几个百分点的电荷
失配。与电极短接技术相结合,在刺激频率足够低以允许在电极短接期
间充分放电时,该电路可以应用在实践中。一个完整的刺激系统被工程
实现以用于耳鸣治疗的动物实验中,其中的电刺激信号与听觉刺激相互
结合。

　　　　第二种刺激器设计实现了第 4 章介绍的高频率占空比刺激。该系统
使用一个未经滤波的动态电源直接刺激靶组织。本设计的重点是功率效
率、较少的外部元件和独立的多通道运行。所有这些要求对使用电流转
向技术的植入神经刺激器是非常重要的,如 SCS、VNS 或 DBS 的应用。

　　　　混合信号集成电路实现了完整的刺激系统,包括对同时允许自动强
直刺激以及单次刺激的双时钟配置的全面控制。每个通道都可以单独配
置为定制的刺激参数,多个通道可以以同步的方式运行。每个刺激通道
可以连接到一个任意的电极配置,使系统非常适合于电流转向技术。

　　该系统被证明与具有自适应电源的最先进恒流刺激器相比是高效的,尤其是运行在多通道模式。已被证明效率提高了 200%。此外,该系统仅使用一个电感器作为唯一的外部元件,相对于往往需要一个或多个外部电容器的现有刺激系统提高了集成水平。

索引

彩色插图

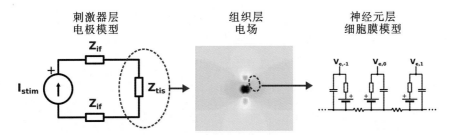

图 2.4 神经刺激层次结构的三个层次。刺激器层次考虑了连接于刺激器电路的电学等效电路。组织层次通过将组织考虑为一个容积导体聚焦于组织阻抗。神经元层次进一步聚焦于神经元自身以及细胞膜电压在刺激过程中是怎样形成的

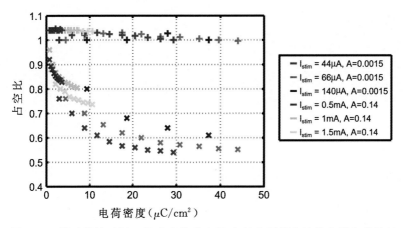

图 3.12 脉冲持续时间 t_a/t_c 比率作为 SCS 电极和耳蜗电极的电荷密度的函数。＋标记代表模型的比率,而 x 标记代表盐水中电极的比率

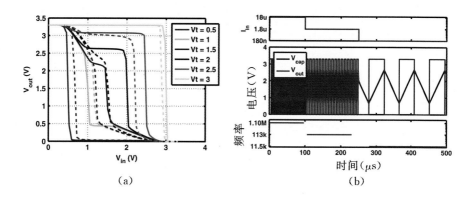

图 6.7　积分系统的仿真结果。(a)中给出了用于对称(实线)和不对称(虚线)拓扑的 V_t 补偿反相器的 DC 响应。可以看出,对于 $V_{th} \approx gnd$ 和 $V_{th} \approx V_{dd}$,两个系统的响应几乎相同。(b)中给出了完整积分器的仿真

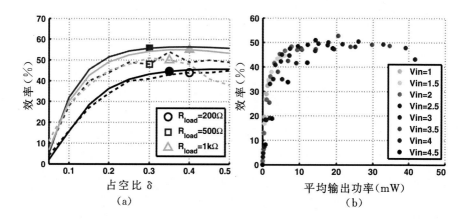

图 7.15　测量结果显示了动态刺激器对各种负载和占空比的功率效率。在(a)中,虚线是测量结果,实线是仿真结果。在(b)中,针对不同 V_{in} 的值绘制的 500Ω 负载的功率效率